인문과 과학이 손을 잡다

아!와어?

권희민 _ 물리학자, 서울대학교 물리학과를 졸업
하고 미국 캘리포니아 공과대학(Cal Tech)에서
박사학위를 받았다. 프랑스 ILL(Institute Laue
Langevin)과 스위스 SIN(Swiss Institute for Nuclear
Research)에서 뉴트리노 실험을 했다. 미국 뉴욕
주 Kodak 연구소에서 근무하다가 귀국 후 삼성
전자 부사장을 역임했다. 2018년까지 서울대학
교 물리학과 객원교수로 있었다.

주수자 _ 소설가, 서울대학교 미술대학에서 조각을 전공하고 미국 콜케이드 신학대학원을 졸업했다. 2001년 『한국소설』로 등단했으며 소설집 『버펄로 폭설』 『붉은 의자』 『안개동산』 『빗소리 몽환도』, 시집으로는 『나비의 등에 업혀』, 희곡 『복제인간 1001』, 영어 저서 『Night Picture of Rain Sound』 등이 있다.

인문과 과학이 손을 잡다

아! 와 어?

주수자 · 권희민

문학나무

이 책을 Dr. S. K에게 바칩니다

우리는 자연의 신비함을 보며 동시에 두려움까지 느낀다. 눈부시게 아름다운 풍경을 볼 때, 맑고 캄캄한 밤하늘을 가득 덮고 있는 별들을 볼 때, 자기와 꼭 닮은 자식을 처음 만날 때 이런 자연과 만난다. 때론 이 신비함과 두려움은 호기심으로 발전되고, 그 자연에 대해 알고 싶어진다. 그러나 과학 이야기는 대부분의 독자들에게는 공포의 대상이다. 중고등학교에서 만나는 수학, 물리, 화학, 생물, 지구과학은 대학 진학을 위하여 할 수 없이 배워야 하는 과목들이지만 좋아하는 과목들은 절대 아니다.

이 글은 우연히 공항 책방에서 산 소설에서 만났던 소설가 주수자와 대학 선배이며 물리학자인 권희민이 쓴 과학 에세이이다. 그들 주변에서 일어나는 일상의 사건들을 물리학자가 과학적으로 분석하고, 소설가가 독백하다 때로는 두 작가가 대화하다 때론 객관적 서술을 하고 있다. 별, 지구, 우주의 생성과 우주를 지배하는 기본 법칙, 지구 내에서 일어나는 과학적 현상, 원자와 분자, 생명의 근원, 숫자의 논리와 아름다움을 과학에 흥미가 없는 독자들도 이해할 수 있게 쉽게 기술하고 있다. 현대 과학이 이해하는 거의 모든 주제를 다루고 있지만, 소설가가 이들을 이해하고 과학자와 일반 독자 사이의 중간자 역할을 충실히 하고 있다. "그럼에도 과학은, 예술이 그러하듯, 경험할 수 없는 것들을 경험하게 한다. 이렇게 인간의 경험 테두리를 확장하는 과정에서 과학은 자연스레 추상화가 되고 관념화가 되는데, 그 과정에서 가장 요구되는 것이 상상력이다. 제한된 상황과 조건에서 벗어나, 넓고 크고 깊고 내밀한 세계들로 접근하려면 상상력이 필수적이다." 일반인들이 놓치기 쉬운 수학이 과학의 언어라는 사실을 작가는 "수가 가지는 성질은 존재로 남아 있으면서 동시에 우주가 생기기 이전에도 우주가 끝난 뒤에도 존재할 것이다. 과학은 과학적 사유의 틀이며 한 세계를 구축하는 밑바탕 언어인 것이다."라고 기술한다.

전자, 통신, 정보화 시대에 살면서, 많은 사람들이 과학을 기술로, 경제로 연계하며, 과학에서 낭만을 빼앗고 있다. 사람들은 과학을 단편적 상식으로 치부하거나, 과학자들만의 전유물로 인식하기도 한다. 그러나 나는 과학은 인류의 역사이고, 인류의 문화라고 생각한다. 이 책을 읽으며 나는, 위대한 과학 전도사였던 미국의 칼 세이건이, 13년 동안 우주 공간을 날아간 보야져 1호를, 지구 쪽으로 카메라를 돌리게 요청하여 '푸른 작은 별' 지구를 보며, 1990년 남긴 말을 기억해냈다. "저기 보이는 것이 우리의 지구입니다. 그 별 안에 당신이 사랑한 모든 것이 있고, 당신이 아는 모든 사람이 있고, 당신이 들어 본 모든 사람이 있고, 역사상 살았던 모든 사람이 있으며, ……인간의 자만심이 얼마나 어리석은지를 이 푸른 작은 별의 영상이 보여주고 있습니다."

국양 박사, 대구경북과학기술원 총장, 서울대 명예교수

문학의 언어로 과학을 상상하다

이 책의 목적은 과학을 설명하려는 것은 아니다. 그런 책은 밤하늘의 별들처럼 이미 무수히 널려 있다. 이 책을 쓰게 된 것은 우연히, 혹은 필요에 의해서였지만, 숙고해보니 삶을 다른 시각으로 바라볼 수 있었으면 하는 염원에서 출발했던 것 같다. 과학적 상상력의 힘을 빌려 지루해 보이는 일상의 경이로움을 불러일으키고 싶었다. 의도는 그러했지만 우리 역시도 설명하게 되는 실수를 저지르고 말았다.

문학과 과학을 병치시키며 이야기를 끌어가는 과정에서 여러 번 회의가 찾아왔다. 두 분야가 지향하는 바는 같은 본질을 향하고 있지만 각각의 언어가 다르다고 느껴져서였다. 그래선지 뭔가를 번역하는 느낌이 종종 들었다. 과학은 과학의 언어가 있고 문학은 문학의 고유한 언어가 있는데, 이 책 방식이 올바른가 하는 생각 때문이었다. 다른 식으로 스스로를 달래보기도 했다. 오히려 과학과 일상을 연결시키려는 노력이라고 하면서.

그리고 쓰는 과정에서 누구보다도 우리 자신이 먼저 폭이 넓어지고 키가 커진 느낌이 들었다.

　이 책의 일부분은 계간지 『문학나무』에 연재되었던 글이다. 그리고 이 책은 과학자인 남편이 기술하고, 소설가인 아내가 쓴 것이다. 따라서 구조는 내용을 정의한다. 책이 엮어진 방식도 과학과 예술의 만남이자 협력이다. 하지만 과학의 상상력과 문학의 엄밀성 대신, 문학의 과장과 과학의 경직성의 방향으로 간 적이 많았을 것이다. 신의 눈을 가진 독자들에게 이런 말을 하는 것이 조심스럽지만, 그럼에도 이 점을 너그럽게 용서해주면 좋겠다.

차례

1장 일상

미역국의 무한함

음식은 신이다 Annam Brahm

― 우파니샤드

오늘은 아! 씨의 생일이다. 생일 케이크를 만들어 줄까 아니면 미역국을 끓여줄까, 갈등이 왔다.

반 세기의 반을 외국에서 살았어도 그는 밥을 먹어야만 식사를 했다고 여겼고, 나는 밥이 없어도 오케이였다. 솔직히 말해 군것질 이상으로 빵을 좋아해서 한동안 '빵순이'라는 별명까지 있을 정도였으니까. 빵의 인간, 쌀의 인간으로 나누는 건 좀 이분법이라고 생각되지만 대부분 서양 사람들은 쌀이 소화가 안 된다고들 했고, 한국에선 밀가루가 위에 부담을 준다는 불평을 많이 들었다. 그러나 분자의 차원으로 들어가게 되면 밀가루나 쌀이나 탄수화물이라는 점에서는 다를 바가 없는 데도 그렇다.

인간 두뇌가 우뇌와 좌뇌로 나뉜 것처럼 밥과 빵에 관한 인식은 동양과 서양이 둘로 나눠진 듯하다. 서양인들은 가을에 심어 겨울 동안 자란 밀을 주식으로 하는 반면, 동양은 여름의 뜨거운 태양과 물의 에너지로 자란 쌀을 주식으로 하며 흘러왔다. 마치 지구의 한 쪽은 양, 다른 쪽은 음인 것처럼 주식의 선호가 그러하다.

쌀과 밀의 정서는 완벽히 반대다. 쌀의 정서는 작은 차돌 같은 밥알들이 찐득하면서도 각각이 따로 노는 데 비해서 밀의 정서는 부드럽고 부풀리고 한데 부서져 개별성이 사라진 모습으로 나타난다. 정반대의 성질이다.

한편 밥과 빵은 그 어떤 음식보다 종교화된 상징이기도 하다. 동양에서 부처님 공양은 쌀로 하지만 기독교 전통에선 빵을 예배의 중심으로 삼아 성찬식이라 부른다. 예수님이 그의 마지막 날에 빵을 나누었던 사건을 보면 먹는다는 행위를 신성화했음을 알 수 있다.

어쨌든 그의 생일날에 미역국도 끓여주고 케이크도 만들어주면 금상첨화이겠지만 아무래도 체력이 달렸다. 게다가 케이크는 빵집에서 해결할 수 있었고 미역국을 중심으로 영업하는 식당은 없었으므로 선택은 쉽게 결정되었다.

우리나라 사람들은 생일날엔 미역국을 먹어야 한다는 사실을 별 의문 없이 받아들인다. 예부터 그래왔으니까 그저 먹는다. 그러나 이 밋밋해 보이는 미역국은 알게 모르게 우주와 연결되어 있다.

우선 미역은 바다에서 온 것이다. 구체적으론 남해의 어떤 지점이었으리라. 하지만 밥상 위에 미역국으로 놓이기 전에 미역줄기는 바다 물결 속에 흔들리며 있었을 것이며, 그 미역은 지구에 나타난 최초의 미역으로부터 DNA가 이어진 것이며, 세대와 세대를 이어가며 오늘날까지 생존해왔다가 여러 단계의 노동과 손을 거쳐 비로소 음식으로 만들어진 것이다. 그러니까 미역이란 식물은 45억 년의 지구 역사와 병행하며 흘러온 것이라고 말할 수 있다.

그러면 미역 국물은?

미역국은 국이므로 원래 물이 주요소이다. 그런데 이 물은 어디서 온 것일까? 미역 국그릇 속에 들어있는 물은 우리 집 수도꼭지에서 흘러나왔지만 그 전에는 한강에 있는 수자원에 있었고, 그 전에는 빗물이었으며, 그 전에는 하늘 위 구름 속에 머물러 있었으며, 또 그 전에는 수증기로 땅에서 올라간 H_2O이었을 것이다. 혹 상상을 더하면 그 중 어떤 H_2O는 미역줄기를 만났던 H_2O이었을 수도 있음직하다. 아무튼 그런 식으로 비약하고 유추해보자면 물은 지구 시스템 안에서 순환과 순환을 거듭한 것임을 추측할 수 있다.

그런데 지구 역사를 되돌아보면 지금은 지구의 표면 70% 가량이 물로 뒤덮여 있지만 초기엔 물이 없었다고 한다. 지구에 있는 물이 어디서 왔는지는 아직 완전히 밝혀지지 않았다. 지금 우리가 사용하는 물의 대부분은 훨씬 더 나중에 생겨났으며, 적어도 지구 초기의 물은 지구 내부에서가 아니라 어디선가 왔다는 추론을 피할 수 없게 된다.

미역국의 물의 일부, 즉 어떤 물 분자는 지구 밖의 우주의 어딘가와의 연결점을 그을 수도 있다.

생일날이면 먹는 미역국에는 이렇게 과거로부터 온 요소들이 농축되어 있다. 그리고 우주와의 연결도 겹겹이 저장되어 있다.

그럼, 미역 국물만 그러겠는가? 미역국에 맛과 영양을 내주고 있는 소고기는?

고기 살점의 주체였던 소는 어느 들판에선가 풀을 뜯어 먹으며 성장했을 것이고, 그 풀은 태양빛과 땅의 영양분을 섭취하며 자라나다가 소의 먹이가 되었을 것이고, 그 소가 생존할 수 있었던 것은 단지 목초 따위의 먹이로만이 아니라 조상 소들의 무수한 교미들과 엮어짐으로 가능했으며, 그 모든 소들도 수많은 다른 생명들의 참여로 인해 생존을 이어왔음을 상상할 수 있다.

그러니까 미역국의 소고기에도 지구 역사와 다름없는 시간이 수렴되어 있다.

그러하다면 인간은? 생일이랍시고 미역국을 훌훌 마시는 우리는 또 어떤 존재인가?

인류고고학을 거들먹거리지 않더라도 그나 나나 먼먼 시간으로부터 이곳 식탁에 있게 된 생명임은 말할 필요도 없다. 하찮게 보이는 미역이 그토록 길고 긴 시공간을 거쳐 온 것이라면 우리도 역시 조상들이 이어준 DNA 지도를 따라 훨씬 복잡다단한 지구여행을 하며 '무한한 변형의 한 형태로' 여기까지 온 존재이다

근데 여기까지는 눈에 보이는 영역이고 양자역학의 세계로 들어가자면 더욱 오묘해진다.

무엇을 먹는다는 것은 다른 생명을 먹는 행위이지만 궁극적으로는 빛을 먹는 것이다. 미역국 속의 미역도, 소고기도, 거기에 들어가 있는 양념들도 모두가 태양과 연결이 된다. 물론 천체의 별들과도 연결된다.

우리가 먹는 음식들은 다양하게 보이지만 먹이사슬의 근간을 찾아가면 종착점은 식물이다. 식물은 탄산가스와 물을 원료로 하고 태양에서 오는 빛을 이용하여 포도당 형태로 에너지를 만든다. 이것이 빛의 에너지를 화학에너지로 바꾸는 식물의 광합성이다.

그러면 모든 것의 원천인 태양은 어디서 에너지를 얻어 오는 걸까?

간단히 말하자면 태양 중심부에서 일어나는 핵융합 반응에서 나온다. 별들의 구성성분인 수소가 고온고압에서 헬륨으로 바뀌면서 질량결손이 생기는데 그것이 에너지화 되는 것이다.

밤하늘에 반짝이는 별들은 모두가 태양과 같은 것이며, 우주에선 끊임없이 별들의 핵융합 반응이 일어나고 있다.

그러니까 모든 음식은 태양에서 오는 빛 에너지 덕분에 만들어진 것이고, 태양 에너지의 원천은 별들로 인해 형성된 것이다. 우리가 먹는 음식이란 모조리 이렇게 엄청난 고리들의 연속으로 이어지며, 궁극적으론 우주와 연결되어 있다.

미역국 한 그릇 속에 들어 있는 어마어마한 연결성에 감탄이 저절로 나온다.

　미처 지각하지 못했던 일이지만, 이제야 먹는 행위가 생명을 이어가는 성스러운 영역에 있다는 것이 이해가 되었다. 왜 종교가 음식 먹는 일을 제례의식으로 삼았는지, 가장 오래된 경전 우파니샤드에서 무슨 근거로 음식을 신이라고 했는지, 제사 때 무엇 때문에 음식을 차려놓는지에 대한 의문들이 실타래가 풀리듯이 차례대로 풀렸다.

　미역국만이 아니라 음식을 먹는 일은 단순히 먹는 행위 이상의 것이었다! 모든 게 이토록 연결되었다는 생각에 우리는 김이 모락모락나는 미역국을 코앞에 놓고 여러 번 고개를 끄떡였다. 무한한 것들이 무한하게 모여, 미역국 앞에서 만나는 어떤 엄중한 찰나를 상상하지 않을 수 없었던 것이다.

　생일날 아침이었다. 멀리서 태양이 15도 쯤으로 떠오르고 있는 모습이 창밖으로 보였다.

먼지를 추적하다

여자들은 먼지를 증오한다. 왜냐하면 매일매일 하루도 빠짐없이 아침이면 집안 청소를 해대도 어디선가 먼지는 또, 또, 또 생기기 때문이다. 으앙, 도대체 이 먼지는 어디서? 투덜대지만 그래도 청소를 하지 않을 수 없다. 먼지는 마치 불교가 말하고 있는 업보처럼 살아가면서 자꾸 만들어지는 모양이다. 게다가 한때 집안을 깨끗하게 하는 일은 여자의 정숙만큼이나 중시되는 덕목이었고 그래선지 더러운 먼지는 여자의 영원한 적이 되어버렸다……. 최초의 아담이 그러했듯 우리도 먼지라는 같은 질료로 만들어졌다는 겁나는 말이 떠오르기도 하지만 그래도 먼지와의 싸움을 견딜 수 없어 여자들은 청소를 하다말고 외치고 만다.

'이 원수 같은 먼지는 도대체 어디서 생기는 거야?'

그렇다! 집안 구석구석에 웅크리며 떠다니는 먼지의 정체는 무엇일까? 아들놈은 축구 운동장에서 끌어오고, 딸의 옷자락과 머리카락에서 떨어지고, 남편이 사방팔방에서 집으로 묻혀오는 먼지는 과연!

모든 별들은 우주 깊숙한 곳 먼지구름에서 태어났다. 원래 지구도 가스와 먼지덩어리였다. 태양계 행성들도 초기에 그러했다. 우주엔 지금도 여전히 가스와 먼지가 하나의 띠를 형성하고 있는 것들이 있다.

아주 오래전 약 50억 년 전이라 추정되는 때에 원시별 하나가 우리 태양으로 탄생되었다. 정확히 무슨 일이 있었는지는 모르지만 어떤 간섭으로 인해 가스와 먼지가 서로 뒤섞였고, 먼지덩어리들이 충돌을 거듭하다가 어떤 부분을 중심으로 하나로 합쳐졌다.

이 과정에서 지구, 수성, 금성, 화성, 목성, 토성, 천왕성, 해왕성, 명왕성, 여러 행성들이 생성되었다.

당시 태양계에는 위의 행성들 말고도 다른 것들로 가득했는데 그것들이 계속 충돌하면서 지구에서 찾아볼 수 있는 미세한 암석파편들은 합쳐지기도 하고 부서지기도 했다.

지금도 지구로 날아오는 물체들이 있는데 다름 아닌 별똥별들이다. 크기는 다양하지만 일반적으로 작은 돌 알갱이 정도이다. 이들이 대기권에 진입할 때 공기의 저항을 받으면서 작은 먼지가 되어 땅으로 떨어진다.

일 년에 약 4만 톤의 우주 먼지가 떨어진다고 추정하지만, 지구의 무게 6억 x 억 x 억 Kg에 비하면 정말로 티끌 같은 숫자이다.

46억 년 전에 태양을 형성했던 먼지와 가스는 오늘날 더는 존재하지는 않는다. 그것들은 거대한 행성의 내부로 녹아들어 완전히 다른 천체로 거듭 태어났기 때문이다. 하지만 많은 소행성과 우주먼지들은 다른 물질로 변하지 않고 아직도 우주 속을 떠돌고 있다.

지구는 따로 떨어져 존재하는 것이 아니다. 아주 미세한 입자 하나도 오래전에 사라진 별의 흔적일 수 있으며, 그 흔적들은 먼먼 시간으로부터 매일매일 지구에 떨어져 내리고 있다. 아직도.

1986년 헬리 혜성이 지구와 스쳐 지나갔을 때, 무인 우주탐사선 지오토를 보내 혜성 꼬리의 먼지 입자들을 조사한 결과, 80%의 물과 10%의 이산화탄소, 2.5%의 메탄과 암모니아, 그 외에 여러 탄수화물들이 발견되었다. 또한 DNA에 들어있는 핵산염기 중 하나인 아데닌을 구성하는 HCN 분자도 헬리 혜성의 먼지에서 검출되었고, 여러 종류 아미노산도 발견되었다. 그러니까 아직은 증명되지는 않았지만 생명을 가능하게 만드는 요소들, 아미노산, 물 같은 기초 물질들이 우주에서 날아온 것들이라는 말이 성립된다.

생명이 지구에서 발화되었다고 하지만 그 기초 물질들은 우주 어디에선가로부터 왔다는 것이다! 앗, 쇼킹하다! 미래에 더 밝혀지리라 믿지만 21세기를 살고 있는 우리는 우주와의 연결성에 감탄하는 것만 해도 숨이 벅차다.

이제, 다시 먼지로 돌아가 보자.

우리가 쓸어버리는 먼지의 거의 대부분인 99.99%는 지구 내의 물질들이 순환하는 것들이다. 하지만 그 중에는 놀랍게도 우주적인 것들이 섞여 있다. 우주 탄생의 비밀을 담고 있는 먼지가 아주 미미한 소량이지만 있을 수 있다! 그러므로 이따금 쓰레기처럼 보이는 먼지들 중에 이런 보물 먼지가 혹시 섞여 있을지 조심스런 눈길로 살펴봐야 하지 않을까. 전봇대에 부딪히지는 말고.

꽃과 색과 눈과 뇌

아! 씨의 생일은 때마침 식목일이고 한식인데다가 휴일이라 손님들이 많이 올 예정이었다. 청소를 후다닥 끝내고 보니 실내가 왠지 썰렁했다. 버지니아 울프의 『댈러웨이 부인』이 떠올랐다. 적어도 생일날을 생의 축제로 만들려면 뭔가가 절실히 필요했다. 불현듯 대문을 박차고 밖으로 나갔다.

'꽃가게로'였다! 꽃은 여러 기쁨을 선사하지만, 그래도 꽃! 하면 먼저 떠오른 건 아름다운 색이다. 어떤 의도로 장미는 붉고 개나리는 노란색인지, 또 동물 눈엔 어떻게 비치는지, 궁금해진다.

우리 눈에는 장미는 빨간색으로 개나리는 노란색으로 보인다. 그렇게 보이므로 장미는 빨강, 개나리는 노랑, 이라고 당연하게 받아들인다. 따라서 사물은 어떤 고정된 색을 지니고 있다고 믿는다. 그러나 과연 그런가?

실은 그렇지 않다. 색은 없는 거다. 아니, 색은 분명 있지만 그것은 우리 눈에만 그렇게 보인다. 무슨 말이냐면? 인간의 감각은 정교하지만 또한 착각에 휘말리기도 쉽다. 왜? 그 비밀은 색이란 '밖에' 존재하는 게 아니고 실은 우리 '안에' 존재하고 있기 때문이다.

*

실제로 색을 본다는 것은 물리적으론 전자들의 에너지를 더듬는 것이다.

빛은 전자기파로 파장에 따라서 라디오파, 적외선, 가시광선, 자외선, X선, 감마선 등 여러 다른 이름으로 불리고 있다. 그 가운데서 인간이 볼 수 있는 빛은 가시광선뿐이다. 그 이외의 빛들은 우리 눈으로 볼 수 없다.

가시광선은 다시 몇 가지로 분류된다. 빨주노초파남보 무지개색이다. 보라색은 파장이 가장 짧고 주파수와 에너지가 크다. 반대로 빨간색은 파장이 가장 길고 주파수와 에너지가 작다.

햇빛은 모든 색의 파장을 한데 섞어 놓은 것이다. 우리가 어떤 꽃의 색을 알아보는 것은 그 꽃이 어떤 특정한 파장을 다른 파장보다 더 잘 흡수하기 때문이다. 나뭇잎은 빨간 파장을 흡수하므로 녹색으로 보이고, 장미는 넓은 범위의 녹색 파장을 흡수하므로 빨간색으로 보이며,

모든 파장을 흡수하는 물체는 까맣게 보인다. 마치 꽃도 인간처럼 호불호가 있고 개성이 있듯이 어떤 파장을 선호한다. 그리하여 꽃의 색을 비롯한 우리의 눈과 뇌가 감지하는 색은 그 물체가 흡수하지 않는 파장이 반사하는 것이다.

눈에 보이는 색이, 흡수된 색의 보색이라니……? 우리 눈을 믿을 수 없다는 생각이 든다. 아니, 눈이라기보다는 보이는 것을 믿을 수 없다는 게 더 적확한 표현인 듯 하다.

*

인간의 눈은 그다지 효능이 좋은 건 아니다. 유용성에 관한 한, 독수리눈이 인간보다 월등히 탁월하다. 인간의 망막에는 원추세포가 1제곱mm당 20만개 정도가 있는데 독수리는 100만개나 있다. 그래서 독수리는 5배나 정밀하게 볼 수 있고 멀리서 먹이를 노려보다 순식간에 성능 좋은 카메라 zoom 렌즈처럼 초점을 맞출 수 있다.

또한 벌의 눈은 인간이 볼 수 없는 빛을 본다. 인간은 자외선을 느끼지도 못하며 어떤 색을 띠는지도 모르지만 호랑나비는 실제로 자외선을 느낄 수 있다. 물론 인간보다 형편없는 눈을 가진 동물도 많다.

그런데 눈으로만 색을 느끼고 보는 게 아니다. 시인 랭보는 모음 I에서 빨강, 모음 U에서 초록, 모음 O에서는 파랑을 본다고 했고, 소설가 나보코프도 언어에서 색감을 느낀다고 말했다. 손가락으로 색을 느끼며 그림을 그리는 맹인 화가도 있다.

언어로도 촉각으로도 소리로도 색을 느끼고 감지한다는 게 일반적 상식에 어긋나 당혹스럽기도 하지만 그들이 그럴 수 있는 것은 감각의 연결성을 통해서이다.

그러니까 빛을 이용하여 눈으로만 '보는' 것은 아니다. 소리를 이용해서도 '본다'. 소리를 보내서 물체에서 반사되는 시간차이를 이용하면 물체의 거리와 형상을 알 수 있다. 박쥐는 이것을 이용하여 어두운 밤에도 나방을 잡아먹고, 돌고래는 물고기를 인식할 수 있다. 초음파로 임신부의 태아 상태를 볼 수 있는 것도 같은 원리이다.

또 눈이 없는 진드기는 민감한 온도감각이 있어 촉각으로 더듬어서 먹이를 섭취할 수 있다. 이것을 접촉화학 감각이라 한다. 이런 곤충들은 더듬이로 더듬어서 사물의 냄새와 맛과 화학적 성질까지도 감지한다. 파리도 그런 식이다.

이렇듯 감각은 서로 내통한다.

빛, 냄새, 온도, 촉각의 순서이지만 하나의 감각이 닫히면 다른 감각이 보완하기도 하고, 알게 모르게 감각들이 상통하고 있다. 빛과 냄새와 온도와 접촉들은 다 감각의 자극이고, 자극은 하나의 신호이고, 주체가 그것을 지각하는 것이다.

그러니까 여기서 중요한 초점은 자극의 신호를 알아채고 그것을 해석하는 것은 인간의 두뇌라는 점이다. '본다'는 것은 기계적인 기능보다는 두뇌와 연결되어 있다. 독서에 있어서도 읽는 사람의 해석이 중요하듯, 우리가 본다는 것은 궁극적으로 두뇌의 해석인 것이다.

*

혀는 온갖 맛을 경험하지만 실제로 음식이 위에 다다르면 단백질, 탄수화물, 지방 세 가지로 분리된다. 우리의 눈도 마찬가지다. 온갖 사물의 색을 경험하지만 결국 망막에 이르게 되면 빨강, 초록, 파랑, 세 가지의 색으로 결론지으며 물상을 만들어낸다. 인간 눈의 망막에는 세 가지 원추세포 밖에 없기 때문이다.

따라서 빛은 무한한 스펙트럼을 가지고 있지만 인간의 지각으로 올 때는 세 가지 반응으로만 입력되고, 세 가지 자극의 비율을 통해서 색을 인지하는 것이다. 이 세 가지 반응이 바로 삼원색이다.

인간은 오직 세 가지 구별을 할 뿐이다. 한없이 많은 색깔 중에서.

문학적으로 비유하자면, 인간이 가진 유한으로 투영하여 무한의 근사치를 구하려는 것과 같다고 할까.

노을의 빨강과 형광등 아래의 빨강은 같은 빨간색이지만 엄밀히 말하자면 같은 건 아니다. 태양이 쏟아내는 색의 세상과 수은등 아래의 세상은 다른 우주에 속하는 것처럼 다르다. 그러나 우리는 둘 다 빨간색이라고 인정하며 같다고 생각한다.

그렇게 인지하는 배경도 인간의 뇌에 있다. 뇌는 혼돈이 가져다주는 다양한 것들을 하나로 묶어놓는다. 생존의 위협을 피하고자 해석

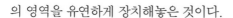

의 영역을 유연하게 장치해놓은 것이다.

어찌 보면 언어와 비슷하다고 할 수 있다. '의자'라는 명사 안에는 이루 말할 수 없이 다양한 의자들이 존재하듯, 각각의 모양은 다르더라도 용도만 비슷하면 일단 '의자'라고 칭하자고 약속하는 언어처럼 말이다.

그러므로 빛의 삼원색이나 색의 삼원색은 다만 이해하기 위해서 만들어놓은 언어일 뿐이다.

빛은 모든 파장을 포함하고 있는 연속적인 것인데 인간 뇌 속에 시각중추가 인식하는 한계가 삼원색이라는 것이다. 이는 어디까지나 인간 눈에 맞춘 조합에 불과하며, 원래 자연에 그렇게 존재하는 것이 아니다.

자연의 법칙이라고 알고 있지만 실은 인간의 법칙인 것이다.

p.s.
앗! 그런데 또 새로운 관점이 생겼다.

과학의 영역인지는 확실치 않으나 다시금 색에 관한 사유를 연장해본다.

모음 I에서 랭보가 본 빨강은 어떤 빨강일까? 나보코프가 발음하는 로리타의 '로'가 발하는 색은 어떤 빨강이고?

둘 다 빨강이라고는 부르고 있지만 실제로는 아주 미세하게 다르다. 조금 전에 말했듯이 뇌의 해석 때문이거나 언어의 문제를 떠나서 색이란 원래 그러하다. 일종의 색즉시공인 것이다.

이건 또 무슨 말?

그러니까 동물도 그들만이 볼 수 있는 지각의 구조적 틀이 있어 저마다 색을 보는 영역이 다르다는 말이다. 빨간색을 볼 수 없는 호랑나비에게는 장미는 암흑의 꽃으로 보이고, 배추흰나비에게는 백합의 흰색은 없다. 눈의 구조에 따라서 보는 세계가 이토록 다르게 보인다.

인간은 빨간색에서 보라색까지 볼 수 있다. 그리고 이 색들이 균등하게 반사되는 빛을 '하얗다'고 인식한다. 곤충은 빨간색을 보지 못하고, 노란색에서 자외선까지 빛으로서 보기 때문에 곤충의 흰색은 노란색에서 자외선까지 포함된 빛이 균등하게 반사되는 색이다.

그렇다면 우리가 말하는 흰색과 곤충이 느끼는 흰색은 다른 색이 된다. 같은 흰색이지만 완전히 다른 흰색이다. 그래서 인간의 흰색을 '휴먼화이트'라 하고 곤충의 흰색을 '인섹트화이트'라 한다. 둘은 같은 흰색이라도 실제로는 서로 다른 색인 것이다.

인간의 눈은 자외선을 볼 수 없게 구조적으로 만들어졌다. 그래서 자외선이 아무리 내리쬐어도 느끼지 못하는 것이다. 곤충은 눈의 구조가 달라서 파장이 그리 길지 않은 자외선을 볼 수 있다. 그러므로 곤충은 자외선의 색을 노란색이나 파란색과 달리 자외색이라는 하나의 독립된 색으로 본다. 하지만 인간은 그 색이 어떤 색인지 전혀 알 수 없다.

이처럼 지각의 구조에 차이가 있기 때문에 인간과 곤충이 하나의 물체에서 보는 색은 완전히 다른 것이다. 같은 곤충이라도 호랑나비가 보는 세계와 배추흰나비가 보는 세계는 같지 않다.

색도 개별적이다. 물론 종의 관점에선 묶인다. 그러나 개체의 종마다 두뇌의 인식에 관련되기 때문에 어떻게 느끼는지 알 길은 없지만, 색을 인지하는 것이 개별적이라는 결론이 내려진다.

하나의 색이란 존재하지 않는 것과 같다. 그러므로 '색은 없다'라고도 말할 수 있게 된다. 그리고 객관적인 색이나 실체가 없다는 말로 이어진다, 이상하게도!

손오공의 축지법＋요술카펫

후아, 꽃에 그런 신비가! 감탄하면서 빨간 장미꽃이 담긴 바구니를 들고 집으로 가려는 순간이었다. 눈을 가늘게 뜨고 지긋이 봐도, 또는 날카롭게 뚫어져라 봐도, 내게 장미는 빨간색으로만 보였다. 한심했다. 현실이란 이렇게 한 점으로만 수렴되는 구조인 모양이다.

그런데 이게 웬일인가? 자동차 키를 돌리는데 크륵크륵 헛도는 소리를 난다. 연달아 해보지만 계속 크렁크렁 투덜댄다. 자동차의 눈인 헤드라이트를 끄지 않아 배터리가 나간 것이다.

이리저리 뛰는 내 모습을 지켜보던 꽃가게 주인이 자기 차를 가져와 배터리를 연결해준다. 부르릉, 차가 다시 살아난다. 곧 손님들은 밀어닥칠 텐데, 마음이 영 불안하다. 사두마차라도 몰듯이 자동차를 쌩쌩, 달리게 한다. 나의 현대 자동차 또한 성질이 급하다. 처음엔 크륵크륵 했지만 일단 달리면 밟아주는 대로 간다.

갑자기 사이렌소리가 들린다. 느낌에, 급하게 병원으로 향하는 응급차라고 지레짐작하면서 개의치 않고 더 세게 페달을 밟아서 자동차에게 박차를 가한다. 이제 차는 붕붕, 날을 정도로 달리고 있다. 박쥐가 낼 법한 고주파의 사이렌 소리가 또 들려온다. 뒤를 보니 응급차가 아니었다. 소방차도 아니었다. 빨간불과 파란불을 번갈아 번쩍이며 경찰차가 따라오고 있었다. 내 차의 속도계는 시속 119Km로 시내를 달리고 있었던 거였다.

서유기를 보면 가장 재주가 많고 막강한 전사가 손오공이다. 그의 이름이 뜻하는 바로 모든 것이 공(空)임을 깨닫고 있는 손오공(孫悟空)은 거의 전능한 마술사이기도 하다. 맨눈으로 먼 데를 볼 수 있고, 털을 뽑아 자기 복제를 해서 대신 싸우게도 하고, 구름을 타고 순식간에 공간 이동하는 축지법도 사용하며 마법을 부린다.

하지만 현대인도 그 손오공 못지않다. 어찌 보면 그보다 막강하다. 망원경으로 천체도 보고, 현미경으로 눈에 보이지 않는 세계도 보고, 이메일이나 위상통화나 스마트폰을 사용해 자신을 증식시킬 수도 있다. 그리고 현대인은 자동차라는 무기도 소유하고 있다. 이 기계는 마법과 같다. 아니, 사람들이 매일 접하는 자동차에는 우주가 마술처럼 숨어 있다고 말하는 게 낫겠다.

게다가 집에 있을 만한 것들도 자동차에 다 있다. 에어컨도 있고 히

터도 있고 라디오도 있고 텔레비전도 있다. 자동차는 점점 생활공간의 연장이 되어가고 있다. 현대문명의 상징이자 자본주의의 아이콘이자 모든 액션영화 주인공이자, 뒷모양은 여자 궁둥이를 닮아간다는 이 마술덩어리는 도대체 어떻게 움직이는 걸까.

그런 잡다한 생각을 하던 중에 갑자기 계기판에 빨간 경고등이 켜진다. 순간 이건 또 뭐야? 속도위반 티켓에다가 이번엔 무슨 재앙이? 잔뜩 눈살을 찌푸린 채 내려다보는데……

그건 다름이 아닌 연료가 부족하다는 신호였다.

불안감이 급습해 왔지만 별 도리가 없다. 하는 수 없이 주유소에 들려 자동차에게 밥을 먹인다. 자동차에게 휘발유를 넣어주면서 연신 못마땅하다. 현대차가 기름을 너무 많이 먹는 게 아닌가 싶어 투덜대지만, 사실상 우리는 그들보다 더 자주 더 많이 먹는다. 자동차야 필요할 만큼 먹는다지만 우린 매일 세끼씩이나 먹지 않는가? 왠지 기계에게 투덜대는 건 공평하지 못하다는 생각이 든다.

인간은 먹어야 산다, 불행히도. 그러나 다른 생명도 그런 면에서는 다르지 않다. 기계조차도 에너지를 쓰려면 어디선가 에너지를 공급받아야만 움직일 수 있다.

'에너지는 새롭게 생성되거나 파괴되지 않는다'는 에너지 보존법칙이 어김없이 여기에 적용되는 것이다.

증기기관차는 열에너지가 기계에너지로 바뀌어 피스톤을 움직여 앞으로 나아가는 장치인데 반해, 자동차는 휘발유 속에 축적된 화학

에너지가 기계에너지로 변하여 바퀴를 굴려 땅을 밀면서 앞으로 나아가는 것이다.

사실 자동차가 먹는 휘발유라는 것도 인간의 음식과 그다지 다른 건 아니다. 그 둘의 연결성이 없지 않다.

복잡한 과정을 생략하고 요점만 말하자면 휘발유는 땅 속에서 퍼올린 기름이다. 화학적 성분으로는 수소와 탄소가 결합한 분자이다. 석탄을 나무들이 썩은 고체라고 한다면, 석유는 공룡을 포함한 바다 생물들이 썩어 오랜 세월동안 축적되어 만들어진 화합물이다.

휘발유에 저장된 화학에너지는 지방에 저장된 1그램당 9칼로리와 비슷하다. 자동차는 휘발유를 먹어 소화시킨 에너지로 무거운 몸체를 움직이는 것이다. 그러므로 우리가 음식을 에너지로 바꾸는 것과 크게 다르지 않다.

인간과 자동차의 공통점은 에너지 사용 방식에만 그치지 않는다. 비유는 더 이어간다.

구성 요소를 따지자면 우리 몸이 별들의 원소로 이루어졌듯이 자동차의 몸체도 그렇다. 겉으로 보면 엄청난 차이가 있어 보이지만, 원소의 관점에선 마찬가지이다. 물론 인간의 총체는 물질 너머에 있으며 결코 설명될 수 없는 영혼을 가진 존재이지만, 일단 물질의 측면에선 그렇게 볼 수 있다는 말이다.

자동차 차체를 둘러싸고 있는 금속인 철판이나 유리나 아연 등을 추적해보자면 그것들 역시도 별이 만든 원소들이다.

별은 주기율표에 있는 모든 원소 중 철 이하의 원소들을 만들어 낸다. 수소가 고온 고압에서 헬륨으로 변하고, 헬륨이 3개가 모이면 탄소가 되고, 탄소에서 질소, 산소가 생기고, 규소도 생기고 맨 마지막으로 철이 생긴다. 별의 생애에 있어 마지막은 별의 질량에 따라 대폭발을 하게 되는데, 이런 것을 초신성이라고 한다. 이때 철보다 무거운 원소들이 만들어진다. 이런 원소들이 지구도 구성하게 된 것이다.

그러므로 자동차의 껍질로 볼 수 있는 철판이나 유리나 아연이나 모든 금속물질들도 당연히 우주의 산물인 것이다.

그러면 이제 운전할 때 빼놓을 수 없는 자동차 내비게이션은 우주와 무슨 연관이 있나 살펴보자.

대부분 사람들은 내비가 어떻게 작동하고 있는지 모르고 사용만 하고 있다. 무슨 기계가 작동하고 있겠지, 혹은 오디오 시스템 자리에 라디오 대신 들어와 있으니 그런 것과 비슷하겠지, 라고 막연하게 믿고 내비의 지시에 따라 주행하고 있을 뿐이다.

그러나 사실 내비는 지구 위에 떠 있는 인공위성들과 계속 신호를 주고받음으로써 유지되고 있다.

GPS 위성은 약 20여 개로 지구 주위를 돌면서 각각 저마다의 위치와 시간을 지속적으로 내 보내고 있는데, 3개 이상의 위성의 신호를 받으면 지구 표면에서의 위치를 알 수 있다. 여기에 아인슈타인의 일반상대성이론과 특수상대성이론이 적용되고 있는 것이 바로 자동차의 내비게이션이다.

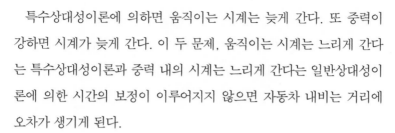

특수상대성이론에 의하면 움직이는 시계는 늦게 간다. 또 중력이 강하면 시계가 늦게 간다. 이 두 문제, 움직이는 시계는 느리게 간다는 특수상대성이론과 중력 내의 시계는 느리게 간다는 일반상대성이론에 의한 시간의 보정이 이루어지지 않으면 자동차 내비는 거리에 오차가 생기게 된다.

우리가 알아차리지 못하고 있지만 자동차의 내비는 이런 식으로 계속 GPS 위성의 지구의 움직임과 소통하고 있는 것이다.

참! 미래의 자동차는 엔진이 없을 거라고 한다. 전기모터를 돌리기 때문에 엔진도 없어지고, 바퀴에 운동을 전달하는 장치도 없어지고, 대신 아이들 장난감 자동차처럼 바퀴에 모터가 달려 있을 것이라고. 그리고 사람 몸에 내장이 없어진 것처럼 자동차 앞부분은 비어 있게 된다고 한다.

그것보다 놀라운 점은 사람이 운전할 필요가 없어진다는 것이다. GPS와 연결이 되어서 자동차 스스로가 주위를 인식하고 스스로 알아서 가는 자율주행을 하게 되고, 따라서 자연스럽게 자동차의 구조도 바뀔 것이다. 그리고 구조는 계속 이어져 내용을 혁신하게 될 테고.

상상을 더하면 자동차는 비행기가 될 수도 있다고 한다. 더 미래에 속하는 일이겠지만 그때는 반중력 장치를 이용한 비행기자동차도 있을 수 있다. 이른바 알라딘의 요술 카펫이 현실화되는 것이다. 아마 손오공도 이것을 본다면 두 손을 번쩍 들고 '항복!' 할지도 모르겠다.

지상에서의 교통사고도 없어질 것이다. 적어도 인간의 부주의로 인한 사고는 사라진다는 면에서 무척 고무적이다. 하지만 GPS와 컴퓨터로 주행하기 때문에 기계의 부주의로 인한 교통사고는 여전히 존재할 가능성이 크다. 더구나 기계가 그의 주인인 인간을 미워할 경우는 심각한 사태가 벌어질 수도 있다. 그런 때가 오면 인간이 발명한 도구가 인간을 지배하지 않도록 조심해야 할 것 같다. 아니면 최소한 눈치를 봐서 기계를 존중하던가.

커피, 검은 메피스토

스트레스로 골이 지끈거린다. 경찰로부터 속도 티켓까지 받고 나니 얼얼하여 마치 우주에라도 다녀온 느낌이다. 아앗, 카푸치노 한 잔을 뇌가 갈급하게 댕기고 있다. 이 시간쯤 되면 속도위반 티켓이 아니라도 카페인을 필요로 하지만.

오래 전부터 오후 4시의 공허감은 커피를 요구했다. 이미 중독이다. 젊었을 땐 잠을 자기 바로 전에 마셔도 쿨쿨 잤는데 요샌 오후 늦게 커피를 마시면 잠을 설친다. 그럼에도 모든 것이 그러하듯 습관이 우리를 장악하여 유혹에 굴복하고 쓴 커피 한잔과 달디단 잠을 맞바꾼다. 그러다 한 밤에 떠 있는 애꿎은 달을 원망하며 새벽까지 뜬 눈으로 샌다.

그러고 보면 파우스트만 영혼을 판 것은 아니다. 수많은 예술가들도 적잖이 그러하다. 파우스트는 젊음을 받는 대가로 자신의 영혼을 메피스토와 거래했지만 다수의 문학가와 화가, 음악가, 무용가, 그리고 이류 삼류 예술가들도 영감을 위해 알코올 또는 커피에 영혼을 팔아왔다고 할 수 있다.

물론 예술가만이 아니다. 하늘의 법칙을 훔치고자 하는 수학자들도 마찬가지였다. 사실 그들만도 아니다. 더 정확히 말하자면 입시생들도, 뭔가 자신의 힘 이상의 것을 요구하는 숱한 시민들도 점점 시커먼 음료의 마력에 중독되어 가고 있다. 젖은 숲 속에 자라는 독버섯만큼이나 빠른 속도로 늘어나고 있는 거리의 카페들을 보면 너나 나나 할 것 없이 현대인은 자본주의의 그늘을 가진 검은 음료의 늪에 익사하고 있는지도 모르겠다.

인간을 꼼짝 못하게 하는 사랑처럼 알코올이나 커피는 도대체 어떻게 마력을 발휘할 수 있는 걸까? 그것들의 정체는 무엇일까?

커피의 패러독스는 묘하다. 좋다 나쁘다 또는 이롭다 해롭다 라는 문제가 교차하기 때문이다. 커피에 대한 반응은 개인의 기력과 감수성, 적응성과 체질에 따라 다양하다. 또 이러한 인간의 생물학적 다양성의 폭 때문에 어떤 시도를 한다고 해도 사랑을 측정할 수 없듯이 커피에 대한 포괄적인 정의나 결론은 결코 단순하지 않다.

커피는 이성이나 논리가 아닌, 인간 존재의 심연을 건드리고 있다고 할 수 있는데 그것의 원천은 다름 아닌 '분자의 세계'로부터 온다.

평상시에는 자각하지 못하고 지내는, 신체 내에 분자 세계를 통해,

커피가 어떻게 작용하는지를 살펴보는 게 가장 적확하겠다.

커피는 알코올과 마찬가지로 뇌로 직접 가서 뇌의 신경세포인 뉴런과 작용하기 때문에 중독성이 강하다. 더구나 카페인은 물과도 친하고 기름과도 친한 성질 때문에 세포막을 뚫고 온 몸에 즉각적인 반응을 일으킨다. 가령 심장이 빨라진다거나 소변을 나오게 한다거나 등등, 몸에 퍼져있는 아데노신 수용체와 결합하여 다양한 효과를 낸다. 그래서 우리는 카페인을 온 몸으로 경험하게 되는 것이다. 사랑처럼 말이다.

구체적으로 더 들여다보자면, 인간의 뇌에는 약 천억 개의 신경세포, 즉 뉴런(neuron)이 존재한다. 신경세포끼리는 서로 연결되어 복잡한 네트워크를 이루고 있는데, 그들은 전기적인 신호방법과 분자를 이용한 화학적인 신호방법으로 정보를 주고받는다.

화학적인 방법으로 정보를 주고받는 물질에는 신경세포를 흥분시키는 '흥분제' 같은 분자와 신경세포를 흥분하지 않도록 하는 '진정제'와 같은 분자, 두 가지 종류가 있다. 마치 자동차의 가속페달과 브레이크 페달과 같은 이치라고 비유할 수 있다.

신경세포를 흥분하지 않도록 조율해주는 분자들 중에는 '아데노신'이란 분자가 있다. 그런데 공교롭게도 카페인 분자가 바로 이 아데노신 분자와 모양이 비슷하다. 우리 몸 안에서 브레이크와 같은 역할을 하는 아데노신을 카페인이 방해함으로써 뇌는 활성화가 된 상태를 유지하게 되는 것이다.

카페인의 화학이름은 '트릴메틸크산틴'으로 메틸기(CH_3)가 3개 붙은 3차원의 구조를 가지고 있다. 그런데 놀랍게도 모양이 아데노신과 같다. 구조가 기능을 정의한다는 법칙이 여기에서도 적용된다.

카페인은 인간의 몸속에 들어가 아데노신 행세를 한다. 마치 사기꾼처럼! 게다가 카페인 분자는 '아데노신' 분자에 비해서 조금 작기 때문에 '아데노신 수용체'에 더 단단히 결합한다.

사기꾼의 속성이 그러하듯, 카페인은 처음에는 신이 나서 결합하지만 아데노신처럼 신경세포를 억제하는 화학반응을 촉발시키지 못한다. 우리의 뇌나 몸에게 진정하라는 '아데노신'의 메시지는 전달하지 못하는 것이다. 그래서 브레이크 페달 아래에 나뭇조각을 대는 것처럼 우리는 계속 달릴 수밖에 없게 된다. 결과적으로 카페인은 뇌의 활동 속도를 낮추지 못하게 하여 계속 달리게 만드는 형국을 초래하는 것이다.

그러니까 카페인은 뇌를 비롯한 다른 신체의 활동을 억제하고 자극하는 두 가지 역할 중에 억제하는 한 쪽에만 편을 들어 인간을 흥분시키는 것이다. 우리는 커피를 흥분제로 알고 있지만 실제로 그 자체가 흥분제는 아니다. 신경세포를 억제하는 힘을 방해함으로써 결과적으로 그렇게 되었을 뿐이다.

그럼에도 불구하고 커피의 그런 편향적인 힘을 빌려, 바흐는 커피 칸타타를 작곡했고, 발자크는 수많은 소설을 써냈으며, 수학자들은 명료한 수학공식을 꺼낼 수 있었다. 경이롭고 불가사의하기도 한 일이다.

그러나 여기서 참으로 놀라운 발견은 분자가 형태를 인지하는 사실이다!

분자가 모양을 알아보고 구조에 딱 들어맞기 때문에 비슷하게 생긴 것에게 속아 결합하는 사실은 엄청난 내용을 포함하고 있다.

왜냐면? 분자로 이루어지지 않는 물질이 없기 때문이다!

우리 몸의 세포 분자만이 분자가 아니다. 의자도, 바위도, 유리창도 온갖 사물이 다 분자로 이루어졌다. 그렇다면 분자라는 너무나도 작은 단위도 나름대로 인지능력을 소유한다는 말이 된다.

분자란 물질의 특성을 가지고 있는 최소한 단위다. 그러한 분자가 형태를 보고 결합한다는 것은, 비록 우리가 인지할 수 없지만, 미시적인 세계라는 엄청나게 작은 세계일지라도, 그저 죽은 현상이 아니라 살아 있다고 생각하지 않을 수 없게 된다.

길거리에 굴러다니는 돌멩이나, 인간이 어떤 의도를 가지고 만들어 놓은 사물이나, 무수한 무생물들까지도 분자로 이루어졌다는 것을 감안해보면 깜짝 놀랄만한 결론이다.

다시 강조해서 말하건대, 존재하는 모든 것은 나름대로 식별능력을 소유한다고 해석할 수 있다. 와아……

잠깐만 예술 쪽으로 걸어가 보자.

21세기에 와서 비로소 현대과학의 힘을 빌려 물질세계 속에 숨겨진 비밀스런 현상을 구체적으로 들여다보게 되었지만 사실은 오래전부터 시인들은 상상력을 통해 삼라만상이 살아있다고 노래를 부르고 있지 않았던가. 물론 시인들이 증명할 길도 없었을 테고 또한 어떤 이들은 비록 알지 못하면서 그런 노래를 읊조렸겠지만. 그러고 보면 '상상력'이란 놀라운 지력이다. 아니면 신의 선물인지도.

째깍째깍 지극히 인간적인

째깍째깍, 파티 시간이 다가오고 있다. 안주인의 심장도 쿵쾅쿵쾅 덩달아 뛴다. 미처 준비가 되지 않아서다. 서양은 와인이나 음악이나 분위기가 파티에 중요하지만 우리는 뭐니 뭐니 해도 맛있는 음식이 왕이자 하인이자 대들보이자 중심이다. 안주인은 서둘러 부엌으로 총총 발걸음을 돌린다. 부글부글 국 끓는 소리가 들린다. 얼른 어슷어슷 대파를 썰어 넣고 지글지글 기름이 타고 있는 프라이팬에 매콤하게 양념된 돼지고기를 달달 볶는다. 고기 요리를 끝내자마자 나물을 조물조물 무치고 김치는 숭덩숭덩 썰어놓는다. 한국음식엔 왜 이리 잔손이 가는 게 많은지…….

전쟁만 전쟁이 아니다. 거기서만 생명이 피를 흘리고 무기가 번쩍이는 것이 아니다. 일상도 못지않은 전쟁이다. 그 일상에서 여자들이야말로 불을 다루는 자이며 칼을 쓰는 전사이다. 요리 과정에는 엄청난 칼질이 필요하다. 오징어볶음을 하려면 오징어의 눈알을 도려내고 시커먼 내장은 가차 없이 쓱싹 잘라버린다. 물렁물렁한 살이며 오징어 다리에다는 알맞게 칼집을 낸다. 그뿐이랴, 가장 주의를 요하는 것이 불의 강약이다. 고기 살점을 구울 때 피가 밖으로 흐르지 않도록 뜨거운 불이 확 일어날 때 재빨리 구어야 맛이 나듯이, 오징어를 얼른 구어야 한다. 이렇게 불과 물과 칼을 다루다보면 시간이 얼마나 후다닥 흘러가는지⋯⋯.

이럴 때의 시간은 느리게 가기도, 빠르게 가기도 한다. 때로는 시간이란 존재하지 않는다는 느낌마저 든다.

시간! 하면 금방 떠오르는 이미지는 시계이다. 째깍째깍 소리가 즉각 머릿속으로 떠오르고, 현대를 사는 우리는 시간이 곧 시계라는 생각을 가지게 된다.

그렇다면 시계는 시간인가?

과학의 정의를 빌려오자면, 시간은 주기적으로 있는 어떤 것을 〈관찰〉해서 얻어낸 〈개념〉이다.

고대인은 태양이 뜨고 지는 현상을 〈관찰〉해서 하루라는 〈개념〉을 생각해냈고, 달의 모양이 변하는 모습을 〈관찰〉해서 한 달이라는 〈개념〉을 만들었다. 그래서 달을 기준으로 한 문명을 이루어나갔다. 한편 고대 이집트에선 나일강이 범람할 때면 여름 새벽 동쪽 하늘에 꼭

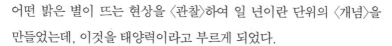

어떤 밝은 별이 뜨는 현상을 〈관찰〉하여 일 년이란 단위의 〈개념〉을 만들었는데, 이것을 태양력이라고 부르게 되었다.

그러나 인간은 일상에서 하루보다 더 짧은 시간의 〈개념〉이 필요했다.

중세 유럽의 갈릴레오가 피사 성당에서 미사 중에 기름등잔이 흔들리는 운동을 〈관찰〉하다 등잔의 흔들림은 진폭에 상관없이 주기가 같다는 현상을 발견했다. 자신의 맥박과 기름등잔의 진동을 병치해서 〈관찰〉한 결과, 만들어낸 것이 1초라는 〈개념〉이다. 할아버지 괘종시계가 창조된 것이다. 약 25cm 실을 돌에다 매달아 진동시켜보면 주기는 항상 1초였던 것이다.

이쯤에서 당신은 왜 〈관찰〉과 〈개념〉이란 단어가 괄호에 들어있는지를 알아차렸을 것 같다. 그리고 무엇을 강조하고 있는지도.

그렇다, 시간이란 우리가 평소에 생각하는 고정관념과는 다르게, 그렇게 절대적이고 고정된 것은 아니다. 1초, 1분, 1달, 1년이란 〈개념〉은 자연을 〈관찰〉해서 인간이 약속으로 만들어낸 〈언어〉인 것이다.

그러니까 째깍째깍 시계는 지나가고 있지만 사실 1초란 지극히 인간적인 〈개념〉이었던 것이다. 시간 그 자체라기보다는.

갈릴레오 이후 유럽은 대항해 시대로 이어졌다. 그때는 배가 어디에 있는지 위치를 알려면 반드시 시간을 정확히 알아야만 했다. 생존과 직결되는 중대한 문제였다. 하지만 단진자로 작동하는 진자시계가 아무리 멋있고 장대해도 바다에서는 쓸모가 없었다. 바다와 배는 늘 흔들리기 때문이었다. 그래서 추 대신 스프링을 사용하여 새로운 도구를 만들어내게 되었는데 이것이 우리가 손목에 차고 있는 시계이다.

그 후 과학이 발달하면서 새로운 물질과 원리를 이용하여 더 정확하고 세밀한 시계가 만들어졌다. 1958년 1월 1일 0시 원점으로 시간 단위를 계속 더해가는 원자시계가 등장했는데 21세기에서는 가장 정확한 시계라고 알려져 있다. 원자의 진동수에 맞추어 만들어졌고, 우주와 상응하기 때문이다. 하지만 원자시계도 두 가지 상황에서는 믿을 수 없게 된다. 하나는 광속도에 들어갈 때이고, 또 하나는 아주 강력한 중력 하에서 그렇다. 두 극단에서 원자시계는 느리게 간다.

요리할 때 보다시피, 인간의 심리적 시계는 신비로운 영역이다. 느낌의 시간은 느리게도, 빠르게도 간다. 기준이 없다! 사랑하는 순간만큼은 시간이란 존재하지 않는다는 것을 누구나 느낀다.

그러나 일반적으로 시간은 주기성이 있어야만 지각할 수 있다. 주기가 너무 길어지면 인식하기 힘들고, 너무 짧아도 인식이 불가능하다. 한쪽으로만 일방적으로 흘러가도 시간은 알 수 없는 것이 되고 만다.

시간의 차원을 직선운동이 아니라 주기로 인식한다는 것은 철학자나 과학자들이 오랫동안 생각해왔다. 그들은 변화를 느끼고 이해하기 위한 개념으로 시간을 생각해왔다.

자연에는 주기라는 리듬만이 있을 뿐이다. 인간은 그런 자연에서 질서를 경험하기를 원했다. 그렇지 않으면 절대혼돈에 헤매고 있을 것이며 서로 간의 의사소통도 안 되었을 것이다. 그러므로 순환과 리듬의 혼돈 속에서 인간이 자연의 운동과 변화에 질서를 세우려는 시도가 시계라고 말할 수 있다. 결론적으로 시간이란 인간이 설정한 언어라는 결론으로 다시 돌아온다. 인위적이지만 필수적인.

여기서는 과학책들이 그러하듯 아인슈타인의 상대성이론으로 확장하지 않겠다. 대신 문학이 다루는 시간의 은유를, 시간이란 영원한 화두를 살펴보려고 한다.

흔히들 시간은 강물과 같다고들 한다. 그것은 일방적으로 흐르는 강물을 말하고 있다기 보다는 전체적 흐름에도 불구하고 물줄기가 멈추기도, 흐르기도, 이따금 합류하기도, 수렴되기도 하며, 여러 갈래가 뒤죽박죽 혼재된다는 의미가 강하다. 하나의 흐름 속에 혼재가 존재한다는 뜻이다. 하나의 결말만이 아닌, 무수한 물줄기의 은유이며, 마치 꿈속처럼 시간의 정체를 알 수 없는 영역에 두고 있는 것이다. 이렇게 동시다발적으로 흐르는 시간에 대해 보르헤스의 혜안을 들어보자.

"……결론은 명백하게 이러합니다. 뉴턴이나 쇼펜하우어와는 달리 당신의 조상께서는 획일적이고 절대적인 시간에 대해 믿지 않았습니다. 그는 무한히 연결되는 시간, 자라나고 어지럽게 엉켜있고, 분산되었다가 다시 수렴되는, 그리고 평행적인 시간을 믿었습니다. 시간의 그물은 서로 엇갈려 있으면서, 포크처럼 묶여 있다가, 싹둑 잘라지기도 하다가, 또는 수세기동안 알려지지 않은 채 흐르면서, 모든 가능성을 품고 있습니다. 우리는 이 시간의 일부분 속에서만 존재합니다……."

— 『끝없이 갈라지는 길들의 정원』에서

p.s.

아무래도 시간의 본질을 이미지로 가장 잘 보여주는 도구는 둥근 시계인 것 같다. 왜냐? 아날로그시계 모양은 끝없이 회전하는 원이며, 원 주위를 돌아가며 자연의 주기와 리듬과 순환을 나타내는 구조적 모습을 잘 보여주고 있다는 생각이 든다.

그리고 시계 바늘이 가리키는 숫자는 인간이 만들어낸 어떤 관념이므로 실상 그것의 본질은 허구이지만, 그럼에도 '경험되는 허구'인 것이다.

결론적으로 바늘이 째깍째깍 가리키고 있는 순간만이 이른바 '현재'이다.

이 현재 만이 삶의 양태이다. 시간은 요리와도 같다.

천변만화의 분자 파티

초콜릿 케이크 레시피:

박력분 125g/ 초콜릿 200g/ 설탕 200g/ 버터 125g/ 계란 4개/ 이스트 & 소금 조금

먼저 초콜릿과 버터를 냄비에 중탕으로 녹인다.

계란 4개의 흰자와 노른자를 분리하여 노른자와 200g 설탕을 섞는다.

중탕해놓은 초코릿버터에다 넣어주고 둘을 잘 섞어준다.

밀가루, 이스트, 소금, 설탕, 모든 재료를 큰 그릇에 넣어 함께 섞는다.

계란 흰자로 거품을 만든다. 한 방향으로 천천히, 단 너무 세게 휘젓지 말 것.

오븐 180도 20~25분 정도를 굽는다.

밝히건대, 케이크를 만들지 않을 수 없었다. 빠뜨린다면 왠지 생일 파티가 미완성이 될 것 같은 느낌이 들어서였다. 레시피대로 밀가루, 초콜릿, 버터, 설탕, 계란, 모든 재료를 살살 잘 섞어서 오븐에다 굽고 프로스팅으로 장식하여 케이크를 내놓는다. 그 위에 촛불을 얹혀 손님들이 모인 응접실로 들고 간다. 와아, 감탄하는 환성이 들려온다. 누군가가 촛불의 표면 밝기와 달의 표면 밝기가 같다고 말한다. 그래서 로맨틱한 분위기를 내는 거라고.

생일의 주인공께서 촛불에다 입김을 불기 전에 거실 전등의 스위치를 껐다. 주위가 깜깜해지자 모두 해피버스데이를 불렀다. 촛불이 꺼지고 케이크를 잘라 손님들에게 나눈다. 달달한 초콜릿 케이크 한 조각을 입안에 넣기 직전이었다.

잠깐만! 전기는 어떻게 생겨났지?

불이야 프로메테우스가 가져다주었다지만 전기는?

난데없이 질문하는 바람에 그는 자신의 생일 케이크를 먹으려다가 말고 괜찮다면 초콜릿 케이크부터 살펴보자고 답한다. 그것도 분자의 차원에서. 밀가루의 현실부터.

오케이?

그러지, 뭐.

밀가루는 희고 뽀얗고 가볍고 보드랍고 순수해 보인다. 글루텐으로 인해 밀가루는 빵으로 만들어지면 쫄깃하고 맛이 난다. 그러나 케이크 밀가루는 섬유질과 배아를 제거하고 희게 만들기 위해 염소 표백

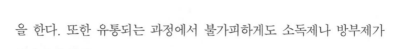

을 한다. 또한 유통되는 과정에서 불가피하게도 소독제나 방부제가 첨가되어 있다.

어쩌면 글루텐에 민감한 사람은 밀가루가 위와 장에서 완전히 분해 흡수되지 않고 내벽 점막을 자극하여 염증을 일으킬 수도 있다. 조상 대대로 쌀을 주식으로 살아온 한국인에게는 밀가루 음식은 소화가 힘들다.

케이크에 들어간 계란은 어떤가? 흩어지는 밀가루를 강력하게 붙들어 매고 영양을 첨가해주는 계란은?

놓아기른 자유로운 암탉의 알이 아닌 이상, 대개 계란은 일반적으로 닭장에 갇혀 사육되는 닭에게서 나온다. 이것 또한 불가피하다. 평생을 갇혀 지내는 닭들에겐 항생제나 인공적인 요소가 투여되지 않을 수 없다. 누구의 잘못이 아니다. 식품 산업화로 인한 구조적인 결과일 뿐이다.

불가사의한 초콜릿도 건드려보자. 원래 초콜릿은 남미 아스텍인들이 종교의식 때 마셨던 음료이다. 그래서 신의 음식(Theobroma cacao)이라고 불리었다. 서양으로 전해진 코코아는 유럽을 장악하게 되는데, 아난다마이드, 테오부르민, 페닐에탈아민, 카페인과 같은 화학적 성분이 있어 기분을 들뜨면서도 부드럽게 만든다. 하지만 실제로 판매되는 초콜릿은 비만으로 이끄는 것들이 첨가되어 있다. 설탕과 지방의 범벅이다. 그것에 못지않은 위험요소는 색소와 방부제와 같은 식품첨가물이다. 합성물은 천연물보다 더 해로울 수 있다. 자연에 존재하는 천연의 독소는 오랜 진화의 세월을 거치는 동안에 적응을 했지만 합성물은 최근에 등장했기에 아직은 적응할 기회가 없기 때문이기도 하다.

기왕이면 버터나 마가린도 검사해보자.

마가린은 기름이 바뀐 전이지방산이다. 마가린은 온갖 기름과 지방에 엄청난 열을 가하여 경화, 냄새 제거, 표백, 정제, 여러 가지 과정을 거쳐 칙칙한 회색덩어리가 인위적으로 만들어지는데, 그것을 가리기 위해 초강력 색소가 투입된다. 뿐만 아니라 공정 과정에서 니켈, 알루미늄, 수소, 인공 색소, 인공 향료, 폴리글리세롤, 에스테르, 산화방지제 같은 성분들이 첨가된다. 불건강을 초래할 수 있는 음식임은 말할 필요도 없다.

또한 초콜릿 케이크에 200g이나 첨가된 설탕으로 말하자면, 파헤쳐보지 않아도 흰 설탕은 밀가루와 초콜릿과 버터와 같이 하얀 악마가 되어버린 음식이다.

게다가 이렇게 만들어진 케이크나 빵은 장내에서 가스를 생성한다. 이들은 이산화탄소, 수소, 메탄과 같은 기체와 혼합되어서 장내를 통과할 때 가스를 유발한다. 꼬이고 회전해 있는 내장의 구조로 인해 그런 가스들이 장내에 고이게 되는 것이다.

그것뿐이랴. 몸에 들어간 화학덩어리들은 독소를 걸려주고 정화시켜주는 간장과 신장을 피곤하게 한다.

으악, 실상이 이러한데……? 왜?

왜 케이크가 생명을 주었던 그 최초의 날을 축하하는 상징이 되었을까?

뭔가를 먹는 궁극적인 귀결점은 햇빛 에너지를 섭취하기 위한 것이 었음에도 불구하고, 이건 너무 인위적이 되고 말았다. 원인을 찾으려면 과학이 아니라 사회나 심리학, 또는 정치 경제적 요소가 개입이 되어야 할 것 같다.

아무튼. 어떻게 밀가루, 초콜릿, 버터, 설탕과 같이 전혀 다른 것들이 합쳐서 맛있는 케이크가 되는지에 대한 과학적 탐구나 계속해보자.

구체적으론 달달한 케이크가 입맛을 유혹할 수 있었던 요인은 설탕과 지방의 만남이다. 인간은 지방만으로 된 음식을 줄곧 먹지는 못한다. 또한 설탕도 마찬가지다. 단 것을 좋아하지만 결코 그것만 계속 먹으라고 하면 질리게 마련이다.

그러나 지방과 설탕을 반반씩 섞어 만든 음식에는 어떤 저항감을 느끼지 못하고 무진장으로 먹을 수 있다. 현대에 들어와서 대부분 음식산업은 이런 인간의 구조적인 약점을 이용하여 장사를 하고 있는 것이다. 슈퍼마켓에 나열된 가공식품들을 분석해보자면 거의 전부가 지방과 설탕의 교묘한 범벅이다.

그럼에도 생명이 유지될 수 있는 건 일차적으론 우리 안에 존재하는 면역계의 덕이 아닐까 싶다. 몸속의 면역계는 최선을 다해서 우리를 보호하려 한다. 장에는 박테리아가 5kg 정도나 있다. 그들은 적이 아니다. 공생해야 하는 우군이다.

음식이 분자로 변용되어 내장이라는 장소를 지나가면서 분해, 흡수, 저장 등의 격렬한 화학반응을 한다. 마치 생명이 왁자지껄한 파티를 하는 듯이.

그것뿐이랴. 파티에서는 사람들이 대화하거나 이따금 재채기를 하거나 들이 마시는 공기를 통해서나 눈에 보이지는 않지만 분자들의 미세한 섞임이 일어난다.

분자차원에서의 화학적인 작용인 것이다.

인간과 인간 사이의 관계도 못지않은 화학이다. 엄밀히 말하면 과학의 용어로 다룰 수 있는 건 아니다. 그저 문학적 표현이자 비유일 뿐이다. 그러나 분자차원에서 보면 매일매일이 전쟁과 다름없는 격렬한 충돌 가운데 있다고 하겠다.

우리 몸과 우리를 둘러싼 이 세계는 본질적으로 따지자면 모두 분자들의 놀이터이다. 더 쪼개자면 원자와 전자와 중성자와 쿼크들의 움직임이겠지만, 분자들의 입장에서 보면 이 모든 현상들은 그들의 움직임으로 여길 수도 있다.

단백질 분자와 지방 분자들이 만나서 케이크도 만들어내고, 그것을 담고 있는 유리쟁반은 규소 분자가 주요 성분이고, 또 탁자위에 소금은 염소와 나트륨 분자로 구성된 결정이고, 또 천장에 달린 형광등에는 네온가스 분자가 열을 띠며 빛을 내고 있으며, 사람들은 대화를 하면서 알게 모르게 서로 탄소와 산소들을 교환하고 있다. 당연히 요리

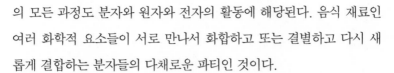

의 모든 과정도 분자와 원자와 전자의 활동에 해당된다. 음식 재료인
여러 화학적 요소들이 서로 만나서 화합하고 또는 결별하고 다시 새
롭게 결합하는 분자들의 다채로운 파티인 것이다.

혹시 분자들이 이 생일파티를 자신들이 만들어낸 왁자지껄한 파티
라고 주장하면 어쩌지?

불과 전기, 암흑을 없앤 등불

잠깐만! 조금 아까 생일의 주인공께서 입술을 내밀어 촛불을 끄려는 순간 실내 전기가 꺼졌다. 주위가 깜깜해지고 사람들은 해피버스데이를 불렀다. 그때 달달한 초콜릿케이크 때문에 잠시 멈추었던 질문으로 돌아가 보자.

불과 백여 년전만해도 지구의 밤은 캄캄했는데 세상을 이토록 환하게 만든 전기는 누가 가져왔을까? 불이야 프로메테우스가 가져다주었다지만.

밤이 되면 별이 나타나고 우주에 대해서 잊어가는 단점이 없지는 않지만 그래도 전기는 위대한 것이다.

기적이란 먼 데서 있는 게 아니다. 기적이나 마법은 일상 속에 있다. 오직 그것을 볼 수 있는 눈이 필요할 뿐이다.

어?(소설가) : 전기가 뭐야.

아!(과학자) : 어, 그거 너무 큰 질문인데?

어?(소설가) : 밤이면 밤마다 불을 밝혀주는 전기라는 게 뭐냐구? 그게 뭐 큰 질문인지 모르겠네. 쿠쿠 밥솥이 밥을 해놓는, 아니, 쿠쿠만 아니지 요즘엔 부엌도구들이 죄다 전기니까, 전기라는 게 과학적으로 뭐냐구, 묻는 거야.

아!(과학자) : 그려, 알았어. 눈엔 안 보이지만 이젠 없으면 못 사는 전기에 대해 이야기해 보자고.

어?(소설가) : 말 한번 잘 했네. 그래 이제 우린 그 가느다란 전깃줄에 매여 살고 있지.

아!(과학자) : 우선 전자가 움직이는 것을 전기라고 해. 전기가 없다면 인간은 볼 수도 없어. 두뇌가 생각하는 것도 신경세포들이 전기적으로 신호전달해서 보는 거니까.

어?(소설가) : 그래? 세포들도 서로 신호 전달한다고? 신통한데?

아!(과학자) : 초딩 시절, 플라스틱 빗을 비단 헝겊이나 털옷에 문지르다가 전기력을 나타나게 했던 실험 생각나지.

어?(소설가) : 응. 머리카락이 거꾸로 섰던 기억이 나.

아!(과학자) : 자석의 북극과 남극 들어봤지? 같은 극끼리 밀치고 다른 극끼리는 끌어당긴다는.

어?(소설가) : 남자와 여자처럼?

아!(과학자) : 전기력을 나타내는 두 가지를 양전하와 음전하라고 부르는데 전자가 모자라면 양전하, 남으면 음전하를 띠게 돼. 쿨롱의 법칙이라고 부르지. 정전기의 힘이 세상을 지배하고 있는데, 나중에 더 설명하겠지만 화학결합에서 양전하와 음전하가 서로 끌어당겨 물체의 모습을 유지할 수 있는 거야. 중력이 수금지화목토천해명을 태양 주위에 붙잡아 돌게 하는 것과 같아.

어?(소설가) : 우리가 투명인간처럼 벽을 뚫고 나갈 수 없는 건 전자와 전자가 서로 밀치고 있기 때문이라는 것쯤은 나도 알지. 지구가 끌어당기는데도 땅속으로 빨려 들어가지 않는 것도 신발 바닥의 전자가 땅바닥의 전자를 밀치고 있기 때문이고 말야.

아!(과학자) : 맞아. 지구도 하나의 자석이라 할 수 있지. 자석이던 나침판이던 지구이던 모두가 두 개의 극을 지니고 있어. 두 개를 쪼개고 쪼개더라도 극이 끝까지 두 개로 남게 되지. '자석에서는 한 극이 고립해서 존재할 수 없다' 이게 맥스웰의 두 번째 방정식이야.

어?(소설가) : 와아, 이원성에서 벗어날 수 없다는 말이구나! 동성애자에게는 미안하지만 어차피 인간은 여자나 남자 하나의 모습만을 선택하며 살 수밖에 없다는 말이 아니겠어.
(여기에서부터 아! 씨는 계속 대꾸를 안 한다. 어?가 제멋대로 해석을 하든지 말든지 상관없이 자기 말만 해댄다. 한편 어?도 재미가 없어지는지 점점 목소리가 작아지더니 혼자 독백조로 투덜댄다.)

아!(과학자) : 전기를 띤 물체가 있으면 주위에 전기장이 만들어지지.

'움직이는 전하는 자기장을 만들어낸다.' 이게 맥스웰의 세 번째 방정식이야.

어?(소설가) : 인간도 그렇잖아? 어떤 이는 전기장처럼 영향력을 행사하고, 어떤 이는 자기장을 가져 매력이 있지. 점점 음양 이론 같아.

아!(과학자) : 전기와 자기는 같은 힘의 두 측면이야. 두 장은 끊임없이 상대방을 만들어내고 변화시키지. 이런 일이 영구히 반복되면서 파동이 만들어지게 돼. 전기는 자기장으로 바뀔 수 있어서 그것을 이용한 모터와 발전기가 발명되었고 그 덕분에 우린 쿠쿠 전기밥솥에다 밥을 할 수 있게 된 거야.

어?(소설가) : 혹시 그 이론은 동양에서 배운 게 아닐까?

아!(과학자) : 어휴, 말이 안 통하네, 나 참!

그때, 갑자기 정전이 되었다. 드문 일이지만 간혹 일어나기도 한다. 에어컨을 한꺼번에 작동해야 하는 무더운 여름날에는 종종 겪기도 하지만 지금은 한식이자 식목일이자 봄의 시작이었다. 모두들 고개를 갸우뚱하며 다른 집도 정전이 되었는지 확인하려고 우르르 밖으로 나갔다. 밤은 거대한 날개를 펼치고 있었다. 그 거대한 밤의 품안에서 별들이 총총 펼쳐지고 있었다. 사람들이 이구동성으로 소리쳤다.

우와아, 무슨 별들이 저렇게 많아!

2장 天우주

별 보기

아! 씨의 전공이 물리학이라서 집에 천체 망원경이 설치되어 있다. 이따금 찾아오는 손님들에게 밤하늘에 떠 있는 달이나 토성 또는 목성의 모습을 보여주곤 하는데, 어떤 여자 분이 하는 말에 충격을 받았다. 그녀는, 하늘에 별이 있는지 까맣게 몰랐네요. 바쁘게 살다보니 밤하늘에 뭐가 있었는지 잊어버렸어요, 라고 했다. 처음엔 놀랐으나 나중에 생각해보니 당연히 그럴 수도 있다는 생각이 들었다. 서울의 하늘은 회뿌연 비닐막이 덮여 있어 밤하늘에 무엇이 있는지 보이지 않는 날이 대부분이고, 스피드를 추구하는 현대는 자본의 구조에 함몰되어 있으니 너무도 당연하다. 일단 보이지 않으니까 다른 도리가 없다.

현대에선 너나 나나 할 것 없이 누구나 자연과 괴리되어 살고 있다.

누구는 스마트폰으로 세상 모든 것과 연결되는 신기한 세상이라고 하지만 그건 인간끼리의 소통에서나 가능한 것이고 실제로는 근원과의 관계는 단절되어 있다고 봐야 하겠다.

어둠과 별들은 문명화된 세계에 의해 영원히 추방되었다. 이것은 만만치 않은 상실이다.

인간에게만 해당되는 문제가 아니다. 야행성 동물들도 고통을 받는다. 밝은 인공조명이 그들의 방향감각에 혼란을 일으킨다. 가로등에 모여드는 날벌레들은 빛이 좋아서가 아니라 어디로 날아가야 할지 몰라서 모여드는 것이다. 하나의 가로등 때문에 매일 밤 수많은 곤충들이 죽어나간다. 철새들도, 그리고 밤하늘을 보고 방향을 가늠하는 동물들도 힘들어 한다. 사실 인간 또한 어둠이 없어 고통을 겪는다. 우리 몸이 제대로 기능하려면 멜라토닌 같은 호르몬이 필요한데 이 호르몬은 밤에만 생성된다. 밤에도 밝으면 호르몬의 생성에 지장이 있고 면역체계에 이상을 일으키고 스트레스에 시달리거나 제대로 잠들지 못하게 된다. 현대인의 심한 불면은 환경에도 의거한다.

그렇다면 별을 바라보는 경험이 왜 필요한지를 말해보자.

별이 떠 있는 밤하늘을 바라보는 것은 과거를 바라보는 것과 같다. 밤하늘에 만나는 빛들 중에는 약 1.3초 전에 달에서 출발한 것도 있고, 지구로부터 가장 가까운 별인 프록시마 센타우리(Proxima Centauri)에서 4.25광년 전에 떠난 빛도 있고, 북극성에서 온 433광년 전의 빛도 있다. 우리는 이렇게 머나먼 곳들에서 온 빛들을 통해 우주의 옛 모습을 본다.

별을 본다는 것은 서로 다른 과거에서 온 빛들이 중첩되어 한 화면에 나타나는 영상을 목격하는 일이다. 그것은 바로 '우주의 역사'를 보는 것과 같다.

별을 바라보는 눈동자에 맺히는 별빛들은 각각 다른 공간에서 오는 것이며, 엄청난 시간의 축적을 가지고 내 눈동자에 한꺼번에, 동시에, 맺힌다. 문학적으로 말해보자면, 내 눈동자에 '영원성'이 맺히는 것이다. 비록 그 눈동자의 소유자는 유한할지라도.

내 눈동자에 수렴되는 그 순간이 품고 있는 것은 '다시는 있을 수 없는' 유니크한 일이며, 한 순간에 중첩된 여러 공간들을 경험하는 신비롭고 경이로운 일이 아닐 수 없다.

달, 지구의 연인

먼먼 시간부터 달은 신비였다. 달은, 어머니 같은 존재이고 태양의 거울이고 지구의 영원한 연인이자, 이태백을 비롯한 무수한 문학인들이 노래한 사랑의 대상이었다. 이슬람은 국기에다 걸었으며 동양에서는 음의 세계를 총칭하는 세상의 반쪽 세력이었다. 동서고금 예술가는 달을 영감의 원천이자 자신들을 총칭하는 천체라고 여겨왔고, 종교는 가장 성스러운 존재의 현현으로 숭배해왔다.

그렇게 오랫동안 달은 영원한 수수께끼이고 영원히 근원적 존재라고 믿어왔지만 21세기를 사는 우리에게도 그러한가? 달은, 문명화된 인류에게도 여전히 신화의 영역에 속하고 있는 것일까? 아직도 여성의 몸에 시계처럼 작용하고, 보름달이면 동네 개들이 늑대처럼 울어대고, 여전히 암흑의 밤하늘에서 빛을 던져주고, 바다의 조수를 끌어당기고 있지만 말이다.

인류 역사상 달이 신비의 베일을 벗고 자신의 진면목이 탄로가 난 적이 두 번 있었다. 갈릴레오가 망원경으로 달이 곰보라는 사실을 알아냈을 때와 아폴로의 착륙으로 그녀의 실상이 우리 눈에 적나라하게 드러났을 때였다. 1609년과 1969년이었다. 이상하게도 그 두 사건은 꼭 360년이란 시간의 간격을 두고 일어났다. 마치 원을 상징하는 360도처럼! 새벽을 알린다는 닭의 해에!

달이 가지고 있는 기질은 묘하다. 지구에 사는 인간은 달의 이면을 볼 수 없다. 달은 지구를 따라 공전하면서 동시에 자전하기 때문이다. 즉 자전주기와 공전주기가 같아서 그렇다. 그래서 달의 하루는 문자 그대로 지구의 한 달이다. 달나라에서의 하루는 한 달이라? 금방 어린 시절 옛 이야기가 떠오른다. 그러고 보면 옛 이야기나 전설이 괜히 근거 없이 창조된 것은 아닌가 싶다.

또한 우린 흔히 달을 여자라고 무심코 불러 왔다. 현대과학은 그것 또한 근거가 있다고 추론하고 있다. 마치 이브가 아담의 갈비뼈 부분에서 시작되었다는 신화처럼, 최근 가설에 의하면 달은 약 45억 년 전 지구에서 분리되었다고 한다. 태초에 지구와 달은 아주 뜨거운 한 덩어리의 기체였는데 화성 크기만 한 천체가 충돌하는 바람에 떨어져 나왔고, 그 과정에서 생긴 파편과 부스러기들이 다시 뭉쳐 달로 재탄생하게 되었다는 이론이다.

그래선지 달은 전체적으로 지구와 같은 물질로 이루어져 있다. 달은 생성된 이후로 거의 변하지 않았는데 지구와 달리 달에는 대기가 없으므로 암석의 풍화 작용이 일어나지 않았기 때문이다.

그렇게 탄생한 달은, 질량이 지구의 약 81분의 1이며, 반지름은 지구의 약 4분의 1이고, 비중은 지구의 약 0.6배이다. 지구의 궤도면과 약 5.14도 기울고 지구까지의 평균거리는 지구의 적도반지름의 약 60배이지만 변동이 크다. 태양계에서 5번째로 큰 위성이다. 순서로는 목성의 달인 가니메데가 제일 크고 두번째는 토성의 달 타이탄, 세번째는 목성의 달 칼리스토, 네번째도 목성의 달 이오, 다섯번째가 우리의 달이다.

이처럼 달은 사실 생성과정에서 지구를 중심으로 돌기보다 태양의 중력권에 끌려 들어가 하나의 행성으로 되어버릴 수도 있는 크기라할 수 있다. 수성과 금성은 달이 없으며, 지구의 반 크기인 화성의 달은 반지름이 6~11Km에 불과한 돌덩이다. 그에 비해 우리 달은 반지름이 1737Km로 명왕성보다도 훨씬 크고 수성보다는 작다. 지구가 그토록 크기에 걸맞지 않는 큰 달을 가지게 된 것도 아직은 설명할수 없는 부분이다. 그저 절묘하게 태양과 지구와의 조화를 이루고 있다고 감탄할 수밖에!

달은 태양에 비해 400배나 작지만, 신기하게도 400배나 멀리 떨어져 있기 때문에 지구에서 보면 달과 태양의 크기가 똑같아 보인다. 그렇기 때문에 개기 일식과 개기 월식이 일어날 수 있는 것이다. 그러나 다른 행성에서는 개기 일식과 개기 월식은 일어나지 않는다. 그 둘은 오직 지구에서만 일어나는 현상이다.

태양계 행성에서 저마다 바라보는 태양과 달(위성)의 광경은 다 다르다. 어떤 행성에서는 태양이 달보다 크게 보이고, 또 다른 행성에서는 태양이 달보다 작게 보인다. 마치 관점이 다른 것처럼 어디서 보느냐에 따라 태양과 달의 크기가 다르게 보인다.

예를 들면, 목성의 달 이오(Io)는 목성에서 보면 태양보다 5배나 크게 보인다. 토성의 달들도 마찬가지로 태양보다 크게 보이는 것들이 많다. 화성의 경우, 하나의 달은 태양 반만 하고 다른 달은 태양의 10분의 1도 못 되는 크기이다. 가장 극적인 곳은 명왕성인데 거기서는 태양이 지구에서 보는 것보다 40분의 1로 보이고, 명왕성의 달 키론은 지구에서 보는 달보다 7배나 크게 보인다.

그러니까 결론은 지구가 가지는 유일한 태양과 유일한 달의 조화는 그 어디에도 없다는 것이다!

이같이 태양과 동등한 힘을 소유하고 있는 달의 상황은 동양으로 하여금 음양이론 체계를 일구어냈다. 달을 음의 상징으로 인식함으로서 만물을 음양으로 나누어 사유할 수 있었다. 즉 삼라만상이 음양의 조화로 인해 생성과 소멸을 순환하고 있다는 사상을 펼칠 수 있게 된 것이다. 이것은 오직 지구에서만 그러하기에 가능하다. 태양계의 다른 행성들에서는 이러한 상황은 상상할 수도 없다. 우선 그렇게 보이지 않으니까.

그럼에도 달은, 지구와 가장 가깝게 있지만 영원히 알 수 없는 면을 가지고 있다.

  최근 백년 간 은하계를 연구하고 사진도 찍는 등, 우주세계를 접하고 있기에 달에 대해 많이 알고 있다고 착각하지만 실제로 미지수가 무지기수이다. 너무도 친밀하고 가까이 있다고 하지만 달은 여전히 신비의 베일에 싸여 정의할 수 없는 모순의 세계로 남아 있다.

  밤이면 밤마다 달이 하늘에 떠 있지 않는다면, 또는 달이 지금의 적절한 위치에서 멀어진다면 (실제로 조금씩 멀어진다고 한다) 어떤 일이 벌어질 것일까?

  말할 필요도 없이 지구는 균형을 잃고 혼란에 빠질 것이다. 계절이 사라지고 바닷물이 증발할 것이며, 생태계는 물론 모든 생명이 소멸하게 될 것이다. 인류 모두도 금방 전멸해버리고 만다!

  물론 그런 종말이 우리가 사는 시대에 오지는 않을 테고 시간적으로 엄청난 거리가 있지만, 언젠가는 어쩔 수 없는 일이다! 우주에 있는 모든 것은 변할 수밖에 없으니…….

지구, 일 미터의 완벽한 세상

지구가 바다와 산맥을 싣고 빠른 속도로 돈다는 것을 상상할 때마다 경이롭다는 느낌을 갖게 된다. 어쩌면 원시적인 감정이라고 할 수 있겠지만 지구가 스스로 돌며 동시에 태양을 따라 도는 속도를 보면 더욱 그렇다. 시속 200km 자동차의 속도에도 어지럼증을 피할 길이 없는데 우리는 왜 지구의 속도는 감지 못하는 걸까? 한 시간에 1670km의 엄청나게 빠른 속도로 자전하며 시속 10만 8천km로 총알보다 스피디하게 공전하고 있는데도 왜 못 느끼는지, 우리의 감각이나 지각을 의심하지 않을 수 없다.

고대인들은 달이 도는 이유를 뒤에서 누군가가 (주로 천사들) 밀어준다고 생각했다. 그러나 그렇게 밀어주는 누군가는 없다고 밝혀졌는데, 이 사실로 드러나게 된 계기는 사과로 인해서였다. 성서의 뱀이 인간에게 먹어보라고 유혹한 사과라기보다는 중력 현상을 적나라하게 보여준 과학의 사과라고 해야 하겠다.

구체적으로 말하자면 뉴턴의 상상력과 사유, 즉 사과는 떨어지는데 왜 허공의 달은 떨어지지 않을까로 시작한 질문 덕분이다. 인류는 그로 인해 지구상에서 일어나는 현상이 따로 떨어져 일어나는 게 아니라 우주와 연결되었다는 통찰을 얻었고 의식의 엄청난 확장을 경험하게 된 것이다.

우리는 물체가 움직이려면 뒤에서 뭔가가 밀어주어야만 간다고 즉각 추론해 버린다. 우리의 사고가 그런 식이다. 그러나 실은 그렇지 않다.

관성의 제 1법칙에 의하면 어떤 물체이든지 일단 움직이기 시작하면 다른 힘이 개입하기 전에는 계속 간다! 다른 요소들이 개입되지 않는 가정 하에서 움직이는 물체는 제지하는 힘을 받기 전에는 계속 이동한다. 우주 공간에서는 누가 뒤에서 밀지 않아도 일단 가고 있는 건 계속 갈 뿐이다.

갈릴레오가, 그 후에 뉴턴이, 설명하고 분석해놓은 개념이 바로 이 운동의 제 1법칙이다. 인문학적 관점으로 보면, 이는 놀라운 일이 아닐 수 없다

생명의 초점으로 봐도 그러하다. 아무것도 저절로 변할 수는 없다. 어떤 힘이 가해지기 전에는.

만약 움직이는 물체에 힘을 옆에서 주게 되면 그것은 그저 방향만

을 바꾸는데 쓴다. 오직 직각에서 끌어줄 때만 원으로 돈다.

그런 식으로 달은 지구를, 지구는 태양을 돌고 있는 것이다. 팽이나 자이로스코프의 경우도 그렇게 움직인다. 돌고 있는 팽이를 옆으로 쓰러뜨리려고 힘을 주면 팽이는 쓰러지지 않고 그 방향과 직각으로 움직인다.

자전거나 오토바이를 타고 커브를 돌 때도 마찬가지이다. 오토바이를 타고 가다가 왼쪽으로 돌고 싶으면 왼쪽으로 기울여야 한다. 인간의 감각은 왼쪽으로 쓰러지면 더 쓰러질 것만 같아 무의식적으로 피하고 싶어 한다. 그러나 오토바이가 쓰러지는 쪽으로 몸을 기울여주면 오히려 오뚝이처럼 회전을 하게 되는 걸 경험한다.

이런 현상들은 우리가 일반적으로 경험할 수 있는 경험치에 속하지 않기 때문에 실제로 경험하기 전에는 이해가 힘들다. 그래서 반드시 경험이 필요하다. 직접 경험을 통해서만 감각을 재조정할 수 있다.

인간 감각에 착각을 일으키는 것이 무수히 많고, 우린 그런 요소들에 취약하다.

하지만 인간의 사이즈인 일 미터의 한계 안에서의 세상은 완벽하고도 절묘하게 디자인이 되어 있다. 일 미터의 유한이 무한한 세계를 볼 때 그렇다는 말이다.

인간들이 만든 사회는 완벽하다고 절대 말할 수 없지만 과학적 차원에서 물질세계를 보면 지구에 사는 모든 생명체가 생명을 유지하도록 완벽하게 만들어졌다고 말할 수는 있다.

예를 들면 높은 빌딩이나 산들이 무너지지 않는 건 자명하다. 바닥과 단단히 붙어 있어서 땅이 받쳐 주기 때문이다. 사실 지구가 움직이고 있다는 상황을 못 느끼는 것도 천만다행이다. 오히려 축복인 것이다.

지구가 자신 축을 중심으로 시간당 수백 킬로미터를 돌고, 동시에 초당 30킬로미터로 태양을 돌고 있다는 것을 시시각각 느낀다면 우리는 살아갈 수 없다. 느끼지 않고 있어서 오히려 편안하게 살아가며 지상의 일에 몰두할 수 있는 것이다.

또한 지금까지 알고 있는 한, 태양계에서 생명이 있는 곳은 오직 이곳 지구뿐이다. 만약 태양의 궤도가 지구와 아주 조금만 가까웠어도 생명이 살기에는 너무 뜨거웠을 것이고, 아주 조금만 멀었어도 모든 생명들은 꽁꽁 얼어붙었을 것이다.

거꾸로 시간을 돌려봐도 그렇다. 수십억 년 전에 초신성 폭발이 없었다면 태양을 비롯한 행성들이 생성되지 않았을 테고, 우리 세상을 만들어낸 원소들도 생겨나지 않았을 것이다. 더 나아가서는 지구에 절대적인 영향을 주는 태양이 달과 절묘하게 균형을 이루고 있지 않았다면 지구는 미치광이처럼 균형을 잃고 당장 생명들을 멸망시킬 위험이 있었을 것이고, 또, 또, 또, 이러한 가정들이 무한히 증식된다.

그러므로 무변광대한 우주 가운데에 작은 점에 불과한 지구에 살고 있다는 것은 엄청난 균형으로 인한 것이다. 바꾸어 말하자면 기적 그 자체인 것이다.

이렇게 우리가 지금 현재 존재할 수 있는 것은 무수한 요소들이 엄청나게 연결되고 쌓여서 시시각각 유지되고 있기 때문에 가능한 것이다. 그 놀라운 균형의 줄에 매달려 있는 우리 존재와, 그 절묘한 우주적 배경이 소름 끼칠 정도로 경이롭다.

*

이 경이로움을 증폭시키고자 '10의 제곱수'를 매개로 삼아 우리 세계를 둘러싸고 있는 층층의 구조를 소개해본다.

10미터는 우리가 가장 잘 알고 있는 크기이며, 1미터는 우리를 중심으로 점점 커지는 거시세계와 점점 작아지는 미시세계의 기준점이다. 그리고 그 중심핵에는 모든 사물의 척도인 인간이 놓여 있다.

10^{-1} 미터: 인간 손바닥 정도 (10cm)

10^{-2} 미터: 손톱 크기 (1cm)

10^{-3} 미터: 시각의 끄트머리 (1mm)

10^{-4} 미터: 현미경 아래 (0.1mm)

10^{-5} 미터: 세포핵 (10미크론)

10^{-6} 미터: 빛 (1미크론)

10^{-7} 미터: 생명 분자 (0.1미크론)

10^{-8} 미터: 이중 나선 (10나노미터)

10^{-9} 미터: 분자 (1나노미터)

10^{-10} 미터: 수소 원자 (1옹스트롬)

10^{-14} 미터: 원자핵 (10페르미)

10^{-15} 미터: 양성자와 중성자 (1페르미)

10^{-16} 미터: 입자의 세계 (0.1페르미)

10^{-35} 미터의 세계를 '플랑크 길이'라고 하는데 거기 이후에도 예상이 가능한 새 구조가 있는지 확실치 않다. 다시 인간으로 돌아가서.

10^{0} 미터: 일 미터, 사람

10^{1} 미터: 10 미터, 집이나 건물

10^{2} 미터: 100 미터, 공원이나 경기장

10^{3} 미터: 1 Km, 이웃 마을, 옛 궁터들

10^{4} 미터: 10 Km, 대도시, 대류권

10^{5} 미터: 140 Km, 서울에서 대전

10^{6} 미터: 1000 Km, 지구 대기권

10^{7} 미터: 1만 Km, 지구 모습이 보일 정도의 거리

10^{9} 미터: 100만 Km, 태양의 직경

10^{11} 미터: 1억 Km, 태양과 지구의 거리

10^{12} 미터: 10억 Km, 태양과 목성의 거리

10^{13} 미터: 100억 Km, 태양과 명왕성의 거리

10^{14} 미터: 1000억 Km, 태양계의 크기까지

10^{16} 미터: ~ 1 광년, 지구에서 가장 가까운 별

10^{17} 미터: ~ 10 광년, 별들

10^{18} 미터: ~ 100 광년, 북극성

10^{21} 미터: ~ 10만 광년, 우리 은하의 직경

10^{22} 미터: ~ 100만 광년, 이웃 은하까지의 거리

10^{23} 미터: ~ 1000만 광년, 은하들까지의 거리

10^{24} 미터: ~ 1억 광년, 은하단

10^{27} 미터: ~ 138억 광년, 우주

생사를 거듭하는 별들

'동쪽 하늘에서도 서쪽 하늘에서도 반짝반짝 작은 별'이란 노래처럼 밤하늘의 별들이 반짝이는 광경을 이미 본 적이 있을 겁니다. 별이 반짝반짝하게 보이는 건 우리 지구에서만 그래요. 대기 중의 공기로 인해 빛이 산란되어 그렇게 보이는 거예요. 사실 우주는 적막하고 캄캄해요. 빛은 그저 지나갈 뿐이죠. 우주에 가면 별들은 점박이처럼 보인답니다. 마치 우리 얼굴에 있는 점처럼 말이죠. 반짝이는 별들의 모습은 이곳 지구에서만 볼 수 있는 거예요. 혹시 우주 어딘가에 빛을 산란시킬 수 있는 공기를 가진 행성이 또 존재한다면 몰라도.

그런데 참, 그 반짝이는 별들이 태어나고 죽는다는 걸 들어 보셨는지요?

물론이겠죠. 하지만 실감은 안 나실 겁니다. 우리도 자신이 언젠가 죽는다는 건 알고 있지만 내가 죽을 거라고는 상상이 잘 안 되는 것처럼요.

그렇습니다. 약 50억 년 후에는 태양도 엄청난 핵융합을 끝내고 힘을 잃고 재로 남게 될 것입니다. 우리와 다를 바가 없어요.

그러면 이제 별들이 죽음을 맞이하는 단계를 말씀드릴까 합니다.

우선, 별은 무게가 무거울수록 중심부가 뜨겁습니다.

(인간도 그렇잖아요. 생명력이 있을수록 중심부인 단전이나 심장이 뜨겁겠죠? 물론 늙게 되면 그쪽부터 약해지고 차가워지고요.)

별들은 수소를 헬륨으로 연소시키면서 빛을 내며 반짝입니다. 그러나 수소가 다 타서 없어지면 별은 팽팽하게 부풀어 오릅니다. 별의 외부 온도는 떨어지고 빛은 붉은색으로 변하는데 이 단계에 이른 별을 '적색거성'이라고 부릅니다.

(인간들도 산소로 숨 쉬다가 더 이상 그 에너지를 쓸 수 없게 되면 죽음에 가까워져요. 우린 그 상태를 임종 직전이라고 부르죠, 아마?)

별은 안쪽에서 타오르는 불이 꺼지면 최후를 맞습니다. 내부 압력이 더 이상 힘을 발휘하지 못하기 때문에 중력이 우위를 차지하게 되면서 별은 마침내 붕괴하고 그 주변에 푸르스름한 흰 빛의 원을 띠는 '백색왜성'이 됩니다. 그 후엔 죽은 채로 우주를 떠다닙니다.

(오, 여기부터 비유하기가 겁나는데요. 인간도 안쪽에 타오르는 생명 작동이 멈추면 최후를 맞이하지요. 붕괴된 육체에서 빠져나온 영혼은 푸르스름한 흰 빛을 띠며 중음을 떠다닌다고들 해요. 옛부터 하

는 소리라 증명할 수는 없다는 걸 말씀드려요.)

　그러니까 별의 최후는 별의 질량에 따라 백색왜성이나 중성자별이나 블랙홀이나 그 중에 하나로 결정됩니다. 태양 질량보다 큰 별이 붕괴할 때는 백색왜성에 머무르기 위해 일정량의 질량을 잃는 거대한 폭발이 발생합니다. 그 별들은 초신성(Supernova) 형태로 폭발한 후 블랙홀로서 생을 마감합니다.

　(흠, 사람마다 죽어가는 방식이 다 다르고 죽은 후에 가는 곳도 다를 것이며, 살면서 지구에 남기는 흔적도 다를 것이라는 말밖에는 할 수 없네요.)

*

　이제 다른 글쓰기로 전환하려 한다. 다루고 있는 무게에 걸맞도록 하자면 다른 화법이 필요한 듯해서다. 더 솔직히 말하자면 지금까지 알려진 우주 생성과 소멸에 관한 상당부분은 여전히 추측이나 이론에 의존해 있다. 우주를 완전히 이해하는 데는 아직도 많은 시간이 필요하다. 현재 우리는 우주가 열려 있는지 닫혀 있는지도 모르고 있다.

　만약 평균 밀도가 임계 밀도보다 크면 우주는 닫혀 있고, 작으면 열려 있다고 하지만 아직 우주의 평균 밀도를 계산할 수가 없다. 왜냐면 우주를 이루고 있는 물질 중에는 우리가 볼 수 없는 것이 훨씬 더 많기 때문이다. 그러므로 조심스럽기는 하나 이따금 상상과 비유를 더

해도 상관은 없으리라. 과학에 관한 이해에 도움이 되리라는 대담한 생각마저 든다.

어쨌든, 태양을 비롯한 수금지화목토천해의 행성들은 초신성이 폭발하면서 방출한 우주먼지(stardust)로부터 탄생하게 된 것이다. 그러니까 아주 오래된 별이 남긴 잔해에서 태양계가 탄생했고, 따라서 지구가, 따라서 인간이 생긴 것이다. 우주먼지가 재활용(recycle)을 하고 있는 것 같다!

생명의 탄생에서 필수적 원소인 탄소와 산소도 그때 만들어졌다. 우주 폭발의 잔해인 거대한 먼지구름, 즉 우주먼지란 우주 공간에 흩어져 있는 미립자 모양의 물질들을 통틀어 지칭하는 말이다. 그런데 이 우주먼지들은 언젠가 무수한 시간이 흘러가서 다시 중력이 작용하기 시작하면 어디선가 새로운 별들이 만들어질 수 있다.

별들도 생사를 반복하면서 순환한다. 우주에 이러한 순환 체계가 있다면, 지구에 있는 생명들의 순환도 상상해보지 않을 수 없다. 영혼의 순환까지는 모른다하더라도 인간 생사에 관한 유추가 저절로 떠오른다.

별들이 폭발할 때 발생한 엄청난 양의 파편들이 타원 궤도를 그리며 돈다. 폭발로 생긴 작은 입자들은 점점 더 충돌하면서 인력으로 인해 결합하게 된다. 처음에 작은 먼지들이 점점 더 큰 덩어리가 되었다가 점차 더 크고 강력한 모양으로 형성된다. 곧이어 소용돌이가 발생하게 되고 그 소용돌이는 점점 더 물질을 중심부로 끌어들인다. 그 속에 수소 원자들이 강하게 압축되면 새로운 별이 탄생하게 된다. 그러한 별들 중의 하나가 바로 우리 태양인 것이다.

자 그러면 이번에는 태양의 탄생이야기를 해보자. 어쩌면 앞부분의 이야기와 대칭이라고 볼 수도 있지만 여하튼.

*

우주의 별 먼지들이 모여 공처럼 거대한 가스덩어리를 형성하기 시작합니다.

(자궁 속에서 태아도 그런 식으로 시작한 게 아닐까요. 최초의 세포가 분열되다 공 모양으로 점점 부풀어서 형성되는 모습이 상상되네요.)

압력은 1,000억 기압 정도이고 내부 온도가 1500만 도가 넘으면 수소 원자핵 4개가 융합해 헬륨 원자 한 개와 중성자 한 개로 변하는 핵융합 반응이 계속 일어납니다. 그러면서 빛을 내기 시작합니다.

(아마 당신도 기억나실 겁니다. 태아 시절, 엄청난 스피드로 세포 분열을 거듭하고 거듭해서 온전한 생명으로 발화했던 것을. 태양이 그랬듯이 그때 당신도 빛을 냈는지는 모르겠지만요. 당신의 세포들 중 어떤 세포는 아마도 기억하고 있을 겁니다.)

그때부터 엄청난 에너지가 우주로 방출됩니다. 별의 나이가 많아지면 에너지를 생성했던 원자로는 꺼지게 됩니다. 연소과정에 의해 외부를 향하던 압력이 중력과 거의 균형을 이루기 때문에 더 이상의 붕괴는 일어나지 않습니다. 우리의 태양은 앞으로 약 50억 년은 끄떡없이 유지되리라 추정됩니다.

(너무도 흡사하군요. 인간도 에너지와의 균형을 이루면서 중력과 버티고 살아가지 않나요? 척추가 점점 굽어져 중력에 항복 당하게 되어 온 몸이 땅과 가까워지고 마침내 붕괴가 될 때까지는 끊임없이 생명 에너지를 흡수하고 방사를 반복하면서 말이죠.)

그 후엔 태양은 적색거성으로 부풀어 올라 주변 행성들을 죄다 삼킬 것입니다. 지구는 뜨겁게 타오르는 암석 사막으로 변해 어떤 생명도 더는 살 수 없게 됩니다.

(여기부터는 앞에 이야기가 반복되네요. 상상불허의 영역이라서 더 이상의 비유가 가능한지 모르겠네요. 하지만 별들이 죽음과 탄생을 반복하고 있다는 사실이 놀라워요. 마치 인간들처럼요.)

*

과학 이야기를 하다가 이런 말을 꺼내도 되는지 모르겠지만, 별들이 지구상의 모래알들을 모두 긁어 모은 것보다 더 많다는 별들의 세계를 바라볼 적마다 지구에 태어나기 전에 우리는 어디에 있었을까 하는 생각이 떠오른다. 게다가 아무리 눈을 비비고 우주를 들여다봐도, 천당과 지옥과 같은 것은 보이지도 않고 찾을 수도 없다. 물질계라서 그런지, 사랑, 정의, 신의 같은 것도 우주 현상에서는 보이지 않는다. 오직 생성과 소멸만 있다. 인류가 추구했던 아름다움이나 사랑과 같은 가치도 찾아낼 수 없다. 그렇다면 그러한 것들은 지구인이 만들어낸 개념인가? 답은 모르겠고 질문들만이 별빛처럼 쏟아진다.

천체 공전, 중심을 잃어버리다

우주의 중심이 도처에 있으며

원주는 그 어느 곳에도 없다

『De la causa, principio et uno』, 부르노, 1584

돌고 있는 것은 지구만이 아니다. 달도 돌고, 수성, 금성, 목성, 토성, 천왕성, 해왕성, 명왕성도 태양 주위를 돌고 있다. 각각의 행성들은 나름대로의 위성을 달고 스스로 자전을 하며 동시에 공전도 하고 있다. 거기까지는 어린 아이도 알고 있는 사실.

그렇다면 태양은?

우리가 중심 삼아 돌고 있는 태양은 어떠한가? 인간을 비롯한 모든 생명체가 의존하는 그것도 도는가?

얼핏 생각하면 그처럼 절대적인 파워를 지닌 것은 왕처럼 또는 신처럼 움직이지 않을 것 같다는 생각이 든다. 그러나 실망스럽게도 우리의 태양은 자전을 하고 공전도 한다. 그도 은하의 둘레를 돌고 있다. 초속 230km의 엄청나게 빠른 속도로!

그러면 밤하늘의 별들은? 별들의 모임인 은하는? 그들도 돌고 있는지 묻지 않을 수 없다.

답은 놀랍고도 싱겁다. 그들도 뭔가를 중심에 두고 돌고 있다.

우리 은하와 안드로메다 은하의 상대속도는 대략 초속 110km이라고 한다. 이 단계에선 누가 누구의 주위를 공전하는가의 개념이 사라진다. 우리 은하와 안드로메다 은하를 포함하는 은하들의 모임인 지역군은 버고 은하단에 끌려가고, 그 버고 은하단은 버고 초은하단에 끌려가고, 버고 초은하단은 다시 코마 초은하단에 끌려간다. 우리가 아는 우주에는 수천억 개의 은하가 존재하기 때문에 이미 속력을 나타내는 숫자는 의미를 상실한다.

이러한 현상은 양자역학의 세계에서도 마찬가지이다. 천체의 모든 것들이 회전하듯이 원자 내부세계에서도 전자들이 원자핵을 휘돌고 있다. 이상한 패턴으로 돌고 있다지만 전자 그들도 회전하고 있다.

왜 그러한 것일까? 모든 존재들은 왜 돌고 있는 걸까?

회전하고 자전하는 자체가 우주의 특성에 속하는 것일까?

무엇을 하던 간에 우리는 그렇게 그칠 줄 모르고 회전하는 거대한 소용돌이 속에서 존재하고 있는 거라면, 우리가 가만히 앉아 있어도 그 상태가 물리적으로 정지해 있다고 볼 수 없다. 모든 것은 초스피드로 움직이고 있는 셈이니까.

우리가 우주에 대해 알게 된 것은 최근 일이다. 1923년 허블이 나오기 전까지의 우주는 우리 은하계(Milky way)가 전부였다. 물론 그 이전에 다른 은하계가 존재하지 않은 것은 아니다. 그러나 허블이 망원경으로 관찰하기 전까지는 사람들은 태양이 은하계의 중심이라고 생각했고, 우리 은하가 바로 우주라고 생각했다. 따라서 밤하늘에 보이는 성운들은 그저 뿌연 먼지덩어리로만 여기고 있었다.

허블이 천체망원경으로 관측했던 것은 250년 전 현미경이 보여준 것과 같은 획기적인 사건이었다. 1665년 영국인 로버트 후크는 현미경을 만들어 맨눈으로 볼 수 있는 제한된 지점에서 눈에 보이지 않았던 영역을 보여주었다. 그와 버금가는 사건이 갈릴레오에 의해서도 일어났다. 그가 망원경을 밤하늘에 들이대면서부터 인류는 다른 세계를 알 수 있게 되었다. 갈릴레오가 그렇게 하지 않았다면 코페르니쿠스의 지동설은 그저 황당한 이론으로 사라질 수도 있었다.

지금 우리는 디지털혁명으로 획기적 전환을 경험하고 있지만, 17세기에는 망원경과 현미경이 새 혁명의 도구였다. 그것들로 인해 인류는 우주의 거시적인 세계와 물질의 미시적인 모습을 볼 수 있게 된 것이다.

갈릴레오가 망원경으로 천체를 봤을 때 달을 보고 놀랐다고 한다. 왜냐면 그때만 해도 17세기의 마음에는 달은 아름답고 완벽한 신적인 실체로 여겨졌으므로 달이 울퉁불퉁하다는 사실을 받아들일 수 없었던 것이다. 성스러운 성모 마리아가 곰보라고 알게 된 것과 같다고 할 수 있을까. 아무튼 갈릴레오는 자신이 들여다 본 비경에 가만히 있을 수는 없었을 테고, 모두가 굳건히 믿고 있는 바를 흔드는 자를 가톨릭교회는 용서할 수 없었을 것이다.

인간이 관점을 바꾸는 것은 절대로 용이한 일이 아니다. 그것은 늘 한 세계의 죽음을 요구하므로.

어쨌든, 갈릴레오가 본 달의 모습은 가톨릭에 대한 도전으로 받아졌고, 그 시대가 완강하게 믿던 절대적인 상징에 금이 가게 되었다. 구체적으로 말하자면 달에 대한 새로운 해석으로 인해 교황은 불안해진 것이었다.

그러나 지동설의 결정적인 근거는 달이 아니라 금성 때문이었다. 금성의 모양이 보름달처럼 변하는 사실에 있었다. 천동설에서는 지구를 중심으로 수성-금성-태양-화성의 순으로 위치하고 있으며, 태양과 행성들이 지구 중심으로 회전한다. 그러나 금성이 보름달이 되려면 금성-태양-지구의 배치이어야만 하는데 이 현상은 천동설로는 절대 설명이 안 되는 부분이었다.

하긴 지금도 우리 감각으로는 지동설을 경험하지 못하는데다가 아무리 예민하더라도 지구가 움직이고 있다는 걸 느끼지 못하고 있으니, 그 당시로는 지구가 돌기 때문이라는 관점을 받아들이기 어려웠으리라. 또 하늘의 이동을 관찰하던 고대인들은 땅 위에 있던 모든 것들이 결국 아래로 떨어지는 현상을 보면서 우주의 중심은 지구에 있다고 유추할 수밖에 없었을 것이다. 일단 관념이 그렇게 고정된 후로는 여간해서 바꾸기 힘들었을 것이고 거기서 더 나아갈 수 없는 시대의 한계도 있었으리라.

다시 허블로 돌아가 보자.

허블이 망원경으로 밤하늘을 들여다보며 우리 은하 밖의 은하들을 찾아내기 전까지 20세기 눈에는 성운들이 그저 뿌연 먼지로만 보였다. 성운(Nebula)이라는 말은 문자 그대로 '먼지덩어리'라는 뜻이다.

처음으로 천체 망원경을 들여다보게 된 사람들은 누구나 흰 점들밖에 보지 못한다. 자꾸 말해주고 인식해주기 전까지는 설탕가루 뿌려놓은 듯한 점들과 별들의 구분이 잘 안 되는 법이다.

이처럼 허블이 천체 망원경으로 안드로메다 은하를 발견한 이후에서야 사람들은 다른 은하들도 존재한다는 것을 받아들이게 되었다.

어떤 한 사람이 그것을 명명하자 다른 사람들의 눈에도 보이기 시작했고, 폭설이라도 쏟아지듯 갑자기 밤하늘에는 별들이 무수히 많아지고 인류의 전체적인 의식은 확장을 경험하게 된 것이다.

보이지 않았던 것들, 뿌옇게 보이기는 했지만 모르고 있었던 것들이 갑자기 보이기 시작하고, 비로소 사람들은 우리 은하만 있는 게 아니라 뿌연 먼지덩어리가 사실은 은하계 별들의 모임이었구나, 그리고 우리 은하는 우주에 무수히 존재하는 은하 중 하나에 지나지 않는구나, 라고 경탄했다고 한다.

한 사람이 앞장서서 일단 보여주게 되면 다른 이들의 눈에도 보이게 된다는 점도 신기하다. 이렇듯 앞선 과학자 덕분에 태양이 중심이 아니고 또한 부동하는 별도 아니며, 우주의 모든 것은 다른 무엇을 따라 돌며 스스로 자전하고 공전하고 있다는 사실이 밝혀진 것이다.

천체의 모든 행성과 별들은 돌고 회전을 한다. 고정되지 않은 채 떠도는 유목민들처럼.

그렇다면 지구가 우주의 무한한 공간을 떠돌 때, 지구는 하루에 얼마만큼 여행하는지 궁금해진다. 앞서 말했듯이 모든 행성은, 모든 별은, 모든 은하는 더 큰 힘을 가진 것의 주위를 공전한다고 했다. 그러면 광대한 우주의 작은 점에 불과한 우리 지구의 위치 이동은 어떠한가?

지구는 우주의 공간에서 매순간 새로운 위치에 있다. 시계바늘이 같은 원을 돌고 있는 것과는 전혀 다른 패턴이다. 시계바늘은 가운데 중점으로 두고 원운동을 하며 계속 제자리로 돌아오지만, 지구나, 행성이나, 은하는 절대로 같은 곳으로 돌아오는 반복을 하지 않는다.

간혹 이러한 철학 명제들을 들은 적이 있을 것이다. '어제의 나는 오늘의 내가 아니다' 또는 '한 순간과 다음 순간에는 엄청난 간극이 있다' 라는.

우주 공간에서 지구의 여행이 바로 그러하다. 즉 지구의 위치는 늘 새로운 곳에 있다. 마치 거대한 강물이 흘러가듯 지구도 우주공간에서 한 번도 같은 위치에 머물지 않는다. 시시각각 지구는 우주에서 한 번도 가보지 않는 새로운 지점에 위치한다. 지구는 바로 전 날보다 엄청난 속도로 엄청난 거리를 늘 여행하고 있다. 그러니까 모든 것이 회전하고 움직이는 가운데 지구는 매번 새로운 위치에 숙박하는 것이다. 숙박이라기보다 계속 이동한다는 의미가 적확할 것 같다.

그러므로 지구 속에서 인간은 가만히 있더라도 엄청난 공간 이동을 할 뿐만이 아니라 광대한 우주 안에서 순간순간 새로운 지점에 있게 되는 것이다. 우아, 이를 생각만 해도 전율이 오고 입이 다물어진다.

따라서 우주에서는 위 아래는 물론 동서남북도 없다. 방향이란 그저 상대적 개념일 뿐, 실제로 고정되거나 존재하는 것은 아니다.

우리가 흔히 쓰는 방향인, 위, 아래, 동서남북은 주체가 있는 지점으로부터 분별을 위해 만들어진 개념인 것이다. 우주의 모든 것은, 지구를 포함하여, 아무 방향 없이 열려 있기 때문이다.

그러면 중심은? 하는 의문이 생길 것이다.

그것은 고정되었다기 보다는 회전하는 각각 위치에 있다. 중심이 사라졌다고 했지만 실은 어디에나 있다는 말과도 상통된다. 중심이 하나에 고정되어 있다는 그 고정관념만 탈피할 수 있다면 중심이란 무한하다는 결론이 나온다.

그러니까 중심이란 시점(視點)이 있는 곳이다.

하지만 '우주의 중심이 도처에 있으며 원주는 그 어느 곳에도 없다'는 부르노의 이 문장은 경험하기는 참으로 어려운 말이다.

어쩌면 '중심'이란 단어가 아니라 '무한'이란 쪽이 더 난해할 것 같다. 얼핏 이해가 된 듯하지만 실제로는 이해 불가능한 영역이다. 이해

했다는 착각에 빠질 뿐, 유한한 존재인 우리의 경험은 한계에 머문다. 아무리 개미에게 지구가 둥글다고 설명해주어도 2차원에 사는 존재가 다른 차원을 이해할 수 없듯이, 인간도 나름대로 어떤 한계에 갇혀 있기 때문이다. 그러하다면, 다음 단계에서 가장 인간적인 자세는 이런 자각이 아닐까 싶다. '눈에 보이지는 않지만 세계는 무한하고 우리 눈에 알고 있는 건 먼지만큼 작구나' 이 정도로 그치는 것이…….

우주를 엮는 네 가지 힘

힘이란 말을 다른 것으로 대치시킬 수 있을까. 생각해봐도 잘 떠오르지 않는다. 비유할 만한 단어가 없다. 생명체에게 힘이란 생명력을 뜻하겠고 기계의 경우는 운동력, 또 용도로 동력, 차력, 수력, 화력 등이 있고, 사회적으로는 권력, 재력, 영향력, 매력이란 것이 있다. 힘이란 이렇게 다양하고 변형이 무수하다. 호수에, 강에, 물웅덩이에게 비쳐진 달이 여럿인 것처럼.

그렇다면 물질세계에서의 힘, 즉 자연계를 지배하는 힘은 어떤 것일까?

이런 상상은 좀 황당하게 들릴지 모르겠지만, 우주가 빅뱅으로 펑 터졌다면 그 후부터 지금까지, 어떻게 그 거대한 스케일이 유지되어 왔는지 궁금하다. 우주가 차가워지고 점점 팽창되고 있다는 사실은 밝혀졌지만 그래도 유지되고는 있는 셈이다. 그러려면 아무리 물질로 이루어졌다고 해도 그 현상을 지탱하려면 어떤 힘이 필요하지 않을까를 상상해보지 않을 수 없다. 어떤 힘이 어떻게 우주를 엮고 있는 걸까? 인간도 한없이 커지지 않고 2미터 안팎의 크기와 질량으로 존재하려면 뭔가 내적 외적 힘이 존재하기 때문이 아닐까?

현대 물리학에서는 우주 만물은 네 가지의 근본적인 힘을 통해 상호작용하고 있다고 본다. 그 힘들은 빅뱅의 엄청난 찰나에 (만조조조 분의 1초) 생겨났고, 원래는 하나의 힘이었는데 그 짧은 찰나에 여러 다른 힘으로 분열되었다고 추측하고 있다.

물론 인류가 그 힘들을 발견한 것은 훨씬 후다.

중력은 17세기의 뉴턴에 의해, 전자기력은 19세기 패러데이에 의해, 또 강력과 약력은 20세기 중반에서야 알게 되었다. 최근에 알게 되었지만 힘이 이때부터 존재하게 된 것은 아니다. 먼먼 시간, 138억 년 전부터 존재해왔다.

흔히들 중력은 지구가 끌어당기는 힘이라 생각한다. 과학을 좀 더 알게 되면 중력과 버티면서 걷고 있는 것이라고 생각하게 되고.

근데 정말 그런가?

사실 중력이란 한쪽에서만 끌어당기는 것이 아니다. 인간도 지구를 끌어당기고 있다. 그렇지만 인간은 종국에는 중력에 끌려들어가 지구 속에 묻히게 되지만.

결국 그렇게 될망정, 살아 있는 한, 인간은 지구 중력이란 힘과 맞서서 살고 있는 것이다.

우리가 누워 있을 때 편안하게 느끼는 까닭도 중력과의 관계 때문인데, 발로 디디고 서 있을 때보다 누워 있으면 면적이 늘어나 힘의 분산이 가능해져서 그렇다.

정리하자면, 중력이란 만유인력의 다른 이름으로 서로 끌어당기는 힘이다.

작은 곤충들은 중력을 무서워하지 않는다. 높은 곳에서 떨어진다 하더라도 사람들처럼 다치지 않는다. 질량이 작기 때문이다. 따라서 중력과의 관계가 덜 치명적이라서 그럴 수 있는 것이다.

걸리버 여행기 이야기에는 인간보다 12배나 키가 큰 거인들이 등장한다. 거인국에 거인이 그토록 큰 키와 몸체로 중력을 버티려면 실제로는 구조적 문제가 발생한다. 그러니까 거인의 몸무게는 키의 3제곱에 비례하는 1728배로 늘어난다. 그러므로 몸의 많은 부분이 뼈로 만들어지기 전에는 그 거인은 절대로 서 있을 수 없다. 누워 있다면 모를까.

이런 중력과 질량의 관계를 깊게 생각해 본 사람이 바로 갈릴레오였다. 그는 물체의 낙하법칙이나 고체의 강도에 관한 근원에는 중력이란 힘이 작용하고 있음을 알고 있었다.

우리는 보통 일상에서 중력을 느끼지는 못한다. 돌이 떨어지고 화살이 날아가는 것이 모두 중력과의 관계인 줄은 알지만. 사실 중력은 가장 약한 힘이다. 전자기력의 10^{-39}로 엄청 약하다. 하지만 중력은 모든 물체에 미치고 작용 범위도 무한대이다. 돌멩이부터 성운에 이르기까지니까.

조금 전에 곤충들이 낙하를 무서워하지 않는다고 언급했다. 그러나 작은 곤충들은 물은 무서워한다. 이유는 표면장력에 갇히기 때문이다. 더 적확하게 말하자면, 그들은 물에 있는 전자기력을 두려워하는 것이다.

전자기력이란 전기력과 자기력이 합쳐진 힘인데, 분자와 원자 크기의 수준에서는 이 힘이 가장 크게 작용한다.

원자핵과 전자를 결합시키는 전자기력의 힘은 광자가 전달한다. 감마선, X선, 자외선, 가시광선, 적외선, 마이크로파, 라디오파 등 다양한 스펙트럼은 모두 전자기장의 진동이다. 파장만 다를 뿐이다. 전자기력은 전자와 양성자 사이의 인력, 물질과 반물질 사이에서 일어나는 모든 붕괴의 원인이고, 모든 화학반응의 원천이다.

원자핵 속으로 더 깊이 들어가는 세계는 우리가 경험할 수 있는 영역이 아니다. 물질의 기본적인 요소인 소립자는 너무나도 작기 때문에 광학현미경으로도 볼 수 없다. 인간 경험치에 있지 않기에 상상과 추상이 요구된다.

당연히 소립자의 세계에는 다른 법칙들이 존재하고, 힘도 다른 방식의 질을 가지고 있다. 그러면 그 세계에서의 힘은 무엇일까?

강력은 원자핵 크기의 거리에서만 작용하는 힘인데, 쿼크를 한데 묶는다. 그러니까 강력은 원자핵 크기의 영역에만 힘이 미치며 쿼크 사이에 작용하는 힘이다. 쿼크의 색깔에 따라 작용하는 8가지의 글루온이 교환됨으로써 전달된다. 따라서 강력은 쿼크와 글루온에만 영향을 미친다. 마치 작은 핵가족처럼 자기네끼리만 논다고 할까.

(만약 강력이 멀리까지 영향을 미친다면, 물질은 서로 막대한 힘으로 끌어당기게 되어, 우리의 물질세계는 존재할 수 없을 것이다.)

약력은 강력보다 힘의 세기가 더 약하고 더 좁은 영역에만 미친다. 오직 쿼크의 변환과 뉴트리노의 상호작용에 관여한다. 그러나 입자의 붕괴는 약력의 지배를 받는다. 우리가 잘 아는 방사성 베타 붕괴를 일으키는 힘이 바로 이 약력이다.

(만약 물질을 변환시키는 약력이 더 긴 도달거리를 가진다면, 물질은 점차 모습을 바꿔 지금과 같은 안정적인 세계가 발생할 수 없었을 것이다.)

인류는 오래 전부터 천체의 운동이나 자석의 현상을 직접 눈으로 확인함으로서 중력과 전자기력은 경험해왔다고 할 수 있다. 그에 반해 강력과 약력은 미시세계에만 작용하는 힘이다.

강력은 10^{-15}m, 약력은 10^{-18}m로 아주 짧아서 우리 일상에서 느낄 수 없다. 하지만 강력이 없으면 우리는 형태를 유지할 수가 없고, 약력이 없으면 태양이 타오르지 못할 것이다.

이러하듯 힘도 어디에 작용하는가에 따라 이름도 다르고, 나름대로의 구조 안에서 힘의 종류와 세기와 작용거리와 교환입자가 각각 다르다.

약간의 비약이 있겠지만 심화시킨다는 가정 하에 말해보자.

호수에 비친 달이나 강에 비친 달이나 물웅덩이에 비친 달이나 다 다르더라도 원조의 달이 하나인 것처럼 힘도 하나였지 않았을까? 138억 년 전, 불덩어리 우주가 탄생한 후 게이지 대칭성이 깨지기 전에는. (현대 물리학자들도 이론은 그러하지만 아직 증명하지는 못하고 있다.)

어찌되었던 모든 사물에 힘이 내재하다는 것만은 확실하다. 힘의 크기와 세기와 영향력이 다를 뿐, 보이지 않을지라도 힘이 없는 것은 없다. 내재하고 있는 힘을 발견하지 못해서 그렇지 인간의 경우도 힘이 없는 사람은 없을 것이다.

대화의 평행선 또는 영원성

아!(과학자) : 과학엔 명쾌하게 요약된 정답이 있다고들 하지만 사실
　　　　　　 은 그렇지 않지.

어?(소설가) : 답이 있는 게 아니라고? 과학을 엄청 오해하고 있었네.
　　　　　　 답이 없는 점에선 예술도 그래. 사실 뭐, 우리 삶도 마찬
　　　　　　 가지 아냐? 인생에 답이 어디 있겠수.

아!(과학자) : 현대과학이 규명해보려고 애쓰고 있지만 질량이 무엇인
　　　　　　 지도 아직 완성된 답을 가지고 있지 않거든.

어?(소설가) : 혹시 질량=존재 아냐? 존재는 어차피 비밀이란 미지수
　　　　　　 이겠고.

아!(과학자) : 자꾸 인문학적으로 해석하지 않았으면 좋겠어. 완벽히
　　　　　　 다른 세계인데 그런 비약으로 과학을 마구 가져다 쓸 순

없어.

어?(소설가) : 아니, 진리라는 게 보편적인 거라면, 한 세계의 진리가
다른 세계에 적용되지 말라는 법이 어디 있어? 진리란
총체적인 거 아냐?

아!(과학자) : 애초부터 보는 각도도 다르고 세계가 다른데 일방적 결
론을 내리게 되면 위험하다는 말이지. 인문학 하는 사람
들은 자꾸 자기네 언어로 빗대어 말해버리거든. 확실한
증명이 없다면 오히려 곡해하는 결과를 초래하게 되고,
본질에서 벗어나게 될 수가 있어. 예를 들자면, 마음을
비운다던지 인생은 이렇다든지 따위의 말은 과학에선
아주 싫어하지.

어?(소설가) : (입을 삐쭉거리며) 그라유, 알았으닝께, 하던 말씀일랑 퍼
떡 계속하시라유. 제아무리 맞는 말이라도 기질은 바꿀
수 없는 거닝께.
(화가 나거나 삐칠 경우엔 아내는 서울생이면서 전라도
사투리로 말한다.)

아!(과학자) : 어쨌든, 세상에는 4가지 힘이 있다고 물리학에서 말하고
있지. 중력, 전자력, 강력, 약력이야. 중력과 전자기력이
거의 모든 것을 지배하고 있지. 뉴턴의 운동법칙은 들어
봤지?

어?(소설가) : 응. 서로가 서로를 끌어당기는 만유인력? 그래서 만남

이 생기는 거지.

아!(과학자) : 인간에 대한 얘기가 아니라는데 자꾸 그러네. 문학적 습관이랑 잠시 접어 두라구.

어?(소설가) : 알았시유.

아!(과학자) : 그러니까 뉴턴의 제 1법칙은 인간 정신이 이룬 가장 심오한 통찰이었는데, "정지해있거나 일정한 속도로 직선 운동을 하는 모든 물체는 외부에서 가해진 힘에 의해 변화를 강제당하지 않는 한, 계속 정지해있거나 등속 직선 운동을 계속한다"는 거야. 관성의 법칙이라고 부르지. 구르는 돌은 계속 굴러가려고 하고, 회전하는 행성은 계속 회전하려고 하고, 책상 위에 놓인 책은 가만히 있으려고 한다는 거야.

어?(소설가) : 구르는 돌은 계속 굴러가려 한다고? 스피노자도 『에티가』에서 그런 비슷한 말을 했는데? "모든 것은 자신의 원래 모습대로 남아 있고 싶어 한다"고. 보르헤스도 "돌은 계속 돌로. 호랑이는 호랑이로 남아 있으려 하고, 나는 계속 나이려고 한다"고 패러디를 했지. 그것 참! 엄청난 말이네! 일단 움직이기 시작하면 계속 간다니, 사물에도 뭔가 내재한 의지 같은 게 있나 봐?

아!(과학자) : 뉴턴은 그런 식으로 말하지 않았어. 운동과 힘에 관한 초점이었을 뿐이야.

어?(소설가) : 그렇지만 이상하잖아? 아니면 밀어준 만큼만 굴러가야 될 텐데?

아!(과학자) : ???

어?(소설가) : 스피노자를 제쳐둔다 하더라도, 인문학적으로 재해석을 한다면 '인간은 도저히 안 변한다, 어떤 힘이 가해지기 전에는……' 이런 말도 될 수 있잖아. 아무래도 애초부터 움직임 속에 뭔가가 내재하는 거 아냐?

아!(과학자) : 모든 힘에는 같은 크기의 힘이 반대방향으로 작용한다는 뉴턴의 만유인력은 케플러와 갈릴레이의 운동을 재정리한 것이지. 에잇, 뉴턴의 사과와 달에 대해서 이야기하려 했는데……, 도저히 진도가 안 나가서 못해 먹겠네.

어?(소설가) : 에구, 이래서 각자는 각자의 우주에 사는 거라니까!

3장 地자연

지구 달력

지구의 역사는 땅과 바다, 바람과 기후, 그리고 생명을 품은 여정으로 이루어졌다. 지구가 흘러온 시간을 1년으로 축약한 달력이다. 지구의 나이를 일단 46억년으로 지정하고 (좀 더 자세하게는 45.4억 년) 그것을 12달로 나누어 환산해보았다. 따라서 하루는 1260만 년에 해당된다. 이 방식은 지구의 시간이란 우리가 감지할 수 없는 어마어마한 스케일이라서 이해를 돕기 위한 방편이다.

● **새해 첫날**

약 46억 년 전: 엄청난 폭발을 일으킨 거성의 잔해인 우주먼지에서 태양이 생겨났고 나머지 잔해들이 중력으로 뭉치면서 지구가 탄생했다.

- **1월**

  45억 년 전: 지구 주위를 돌던 화성 크기의 Theia(달의 본래 이름)가 지구와 엇비슷한 각도로 충돌하면서 달이 생겨났다.

- **2월**

  40억 년 전: 뜨거웠던 지구가 식어가면서 지구표면에 화강암 지각이 생겨 땅이 만들어졌다.

- **3월**

  38억 년 전: 지구가 섭씨 100도 이하로 식으면서 기체 상태의 물이 응축하면서 원시바다가 형성되었다. 바다 속에 용해된 철 이온이 산소와 반응하여 호상철광층을 형성하였다.

  35억 년 전: 모든 생물의 공통조상인 단세포 생명이 출현했다.

- **5월**

  27억 년 전: 시아노 박테리아로 인해 산소가 생성되었다. 초기에 생성된 산소들은 바다 속의 철에 흡수되어 호상철광층을 더 많이 생성하였다.

- **6월**

  24억 년 전: 산소 농도가 증가하면서 대기 중에도 산소가 풍부해졌으며 이는 대기 중의 메탄과 결합하여 물을 형성하였고 온실가스인 메탄이 줄어들면서 지구의 온도가 떨어졌다. 또한 산소는 지구상의 많은 종들을 죽게 만들었다.

  24억 년 전부터 21억 년 전까지 3억 년 간 지구는 얼어붙었다.

- **7월**

  21억 년 전: 일부 단세포 생물이 다른 생물을 공격하여 삼켜버리고 공생을 하게 되었다. 고세균이 미토콘드리아가 되는 최초의 복잡한 단세포 생명체가 되었다. 그리하여 핵을 가진 진핵세포가 발달하기 시작했다. 광합성을 하는 시아노 박테리아도 엽록체를 가지게 된다.

- **8월과 9월**

  18억 년 전부터 8억 년 전까지를 지루한 10억 년이라고 불린다. 이 동안 광물의 혁명이 일어난다. 4천 5백 종의 광물 중 2/3가 산소화합물로 생명체와 광물의 공진화가 일어난 것이다.

- **10월**

  10억 년 전: 최초의 식물인 녹조류가 나타나고, 동물 곰팡이가 분화된다. 유성 생식이 처음 시도되었다. 복제(세포분할) 대신에 성적결합(난세포 수정)으로 자손을 번식하게 되어 다양성이 증가하였다.

  9억 년 전: 다세포 동물이 등장한다.

  9억 년 전부터 6억 년 전까지의 지구는 눈덩이 지구와 온실 지구의 순환을 겪는다.

- **11월**

  7.1억 년 전과 6.4억 년 전에 지구는 두 번 눈덩이가 된다.

  6억 년 전: 오존층이 생겨 자외선을 차단하여 바다에 국한되어 있던 생물이 땅에서 살 수 있게 되었다.

5.41억 년 전: 급격히 수많은 생물이 출현하게 되었다. 이 때를 캄브리아기 대폭발이라 부른다. 척추동물이 등장했다.

5.3억 년 전 ~ 4.5억 년 전: 최초의 식물이 육지에 서식하게 되었다. 또한 육지로 기어간 최초의 동물이 나타났다.

4.4억 년 전: 시베리아 화산 폭발로 첫 번째 대멸종이 일어남.

- **12월**

3.65억 년 전: 두 번째 멸종

3.58억 년 전: 양서류가 물고기에서 진화했다. 이어서 파충류가 그들을 뒤따랐다.

3.36억 년 전: 땅들이 하나로 뭉쳐진 판게아라고 불리는 초대륙이 형성되었다. 이것이 갈라져서 지금의 7 대륙을 형성하게 된다.

2.5억 년 전: 페르미안 멸종이라 하며, 이후에 공룡이 출현했다.

- **12월 20일**

1.5억 년 전: 새들이 등장했다.

- **12월 21일**

1.3억 년 전: 꽃과 곤충의 공진화.

- **12월 26일**

6천 6백만 년 전: 멕시코에 떨어진 운석으로 공룡이 전멸하고 포유류의 전성시대가 열렸다.

6천 6백만 년 전 ~ 5천 5백만 년 전: 풀들이 출현했다.

5천 만 년 전: 대륙이 계속 서서히 움직이다가 현재 우리가 아는 대륙의 형태로 만들어졌다.

- **12월 31일 오후 8시 12분**

200만 년 전: 호모 하빌리스가 두 발로 걸으며 도구를 사용했다. 뇌가 커졌다.

- **12월 31일 오후 11시 37분 12초**

20만 년 전: 호모사피엔스가 출현했다.

- **12월 31일 오후 11시 58분 52초**

만 년 전: 농경생활이 시작되었고 이집트에서 피라미드가 만들어졌다.

자정이 되기 13.8초 전에는 예수가 태어났다.

자정이 되기 3.9초 전에는 세종대왕이 한글을 창제했다.

땅

땅이란 단어처럼 우리에게 든든한 이미지를 주는 것은 없다. 그러므로 땅에 대해 쓴다는 것은 엄청난 일이다. 새삼스럽게 들리겠지만 우리는 땅에 발붙이고 살다가 죽으면 땅에 묻히며 사는 동안에도 땅의 생명들에 의지해서 목숨을 유지하기 때문이다. 땅이란 인간에게 그토록 절대적인 존재다. 어쩌면 하늘의 신보다 더 구체적이고 실용적이고 너그러운지도 모르겠다. 그래서 대지를 어머니라고 부르게 된지도.

그런데 지금까지 인류는 땅의 은총과 성질과 유용성에는 익숙해왔지만 정작 땅이 가지고 있는 어떤 면에는 눈이 가려져 있는 듯하다. 마치 어머니에게 그러하듯 땅이란 존재를 너무도 당연하게 받아들이고 있었던 것 같다.

그렇다면 땅은 그만큼 믿을 만한가? 영원히 변치 않을 것처럼 여기고 있는데, 정말 그러한가? 구체적으로 질문해보자면 우리가 매일매일 발을 디디고 사는 땅은 과연 고정되어 있는 것일까? 혹시 '땅이 무너지는 듯한' 말에 걸맞은 그 무엇이 있는 건 아닐까 자문해본다.

천만에다. 우리가 디디고 있는 땅은 놀랍게도 매순간 변하고 움직이고 있다. 단지 인간 눈에는 보이지 않고 인간 지각에도 알려지지 않을 뿐이다.

에베레스트도 조금씩 올라가고 있으며 그리스 땅도 점점 가라앉고 있다. 예언이 아니라 과학적으로 그러하다. 조금씩 조금씩, 인간의 눈에는 감지되는 못할 정도지만 분명히 움직이고 있다. 일 년에 5센티쯤?

땅의 시간은 인간의 시간보다 어마어마하게 느리다. 그래서 어느덧 백만 년 지나면 에베레스트는 평지처럼 납작하게 되고, 벌판은 높은 산이 될 것이다. 산도 자라듯 올라가고 또 늙어가듯 가라앉는다. 인간 시간이 아닌 지리적 시간으로 보면 그렇다.

과학이 지구 나이를 알게 된 것은 아주 최근의 일이다.

놀랍게도 백 년 밖에 되지 않았다. 그 전엔, 성경의 창조설에 의거해서 지구 나이를 인간의 출현과 마찬가지로 6천 년이라고 생각했다. 소수 지리학자들은 회의하고 있었지만 과학적 이론이나 근거를 찾을 수 없었다. 심정적으로 알지만 물증은 없는 것처럼.

심지어 뉴턴마저도 지구의 나이를 터무니없이 작은 숫자로 생각했다고 전해진다. 프랑스 자연과학자 조르주 뷔퐁(1707~1788)은 과감하게 7만5천년이라고 주장했지만 모두들 에잇 그럴 리가, 하고 믿지 않았다. 지구가 그렇게 오래되었다고는 꿈도 꾸지 않았던 거였다. 18세기 중반에 이르러 칸트는 지구의 나이가 100만 년에 달할 수도 또 우주의 나이는 어마어마하게 많을 수도 있지 않을까 사유했다고 한다. 프랑스의 수학자이며 물리학자인 푸리에는 열 손실을 수학적으로 분석하여 지구 나이를 약 1억 년으로 추정했다.

그러나 21세기를 사는 우리는 이제 지구의 나이가 약 46억 년이라는 것을 안다. 가장 큰 규모와 가장 작은 규모의 우주에 대한 지식을 토대로 알아낸 과학의 이론과 테크놀로지의 덕분이었다. 감히 혁명적이라 할 수 있지 않을까.

우리가 사는 땅이 무엇인지를 알아냈다는 것은 대단한 일이다. 이 같은 지구의 나이는 1950년대에 이르러서야 밝혀졌다.

원자핵이 반이 되는데 걸리는 시간을 반감기라고 하는데, 이것을 이용하면 암석에 새겨져 있는 지구의 나이를 추정하는 데도 쓸 수 있고, 고대 문명의 유물이 얼마나 오래 되었는지도 추정할 수 있다.

땅의 시간, 바위의 시간, 사물이 가지는 시간은 저마다 다르다. 인간이 어떤 기준을 두고 시간을 잰다고 하지만 그건 순전히 인간중심적인 것이다.

1912년에 베게너가 대륙이동설을 출판했으나 아무런 반응을 얻지 못했다. 그 후 2차 대전때 심해잠수정들이 바다 속을 돌아다니다가 해저의 어떤 곳은 5-7Km 정도이고, 또 어떤 곳에는 울퉁불퉁한 산맥과 계곡이 있다는 사실을 발견했다.

1960년에는 해저에 화산이 있어 바다를 밀어내고 있으며 그 결과로 대서양은 매년 2미터씩 넓어지고 태평양은 좁아진다는 해저확장설이 발표되었다. 1962년에는 지질학자들이 암석의 자기장 형성으로 인해 대양과 대륙의 덩어리가 소수의 판으로 퍼즐처럼 맞물려 있다는 판-구조론(Plate-Tectonics)을 내놓았는데, 이 이론은 1970년대와서야 인공위성을 통해 증명이 완성되었다.

한편 원자핵의 붕괴인 방사능 반감기를 이용하여 지구 나이를 측정할 수 있게 되었다. 이는 1969년 달에서 가지고 온 운석을 분석함으로서 결정타를 더하게 되었다. 그리하여 지구의 나이가 수많은 과학자들이 오랫동안 예상했던 것보다도 훨씬 뛰어넘는 엄청난 숫자인 46억년이라는 쇼킹한 답을 얻게 된 것이다.

게다가 한때 대륙은 오늘날처럼 나뉘어 있지 않고 한 덩어리의 떡처럼 뭉쳐 있기도 했을 뿐만 아니라, 그전에는 커피 잔 안에 떠있는 생크림처럼 둥둥 빙하에 덮인 채 북극에 모여 있었다는 것도 알게 되었다. 이런 결론에 근거해서 보자면. 땅이란 것도 엄청 믿을 수 없는 기반인 셈이다.

현대 지질학자들의 이론에 의하면, (지각판이 움직이는 것은 매우 복잡한 요소를 동반하기 때문에 이론에 불과하지만) 한반도가 속한

유라시아 판은 상대적으로 움직임이 느려서 1년에 1cm 속도로 서쪽으로 움직인다고 한다. 반면에 동쪽에 있는 태평양판과 필리핀해판은 1년에 8-10cm의 속도로 북서방향으로 빠르게 움직이며, 남쪽에 있는 인도 오스트레일리아 판은 1년에 8cm의 속도로 북쪽으로 움직인다. 따라서 유라시아 판은 동쪽으로 밀리고 남쪽으로도 밀리는 형국이다. 이 움직임이 지속된다면, 일본 열도가 한반도 쪽으로 밀리면서 동해에 쌓였던 퇴적물들은 조산운동을 받아 높이 솟아오르게 되고, 동해는 수축하여 더 이상 바다로 존재하지 않으리라 예상된다.

물론 수명이 기껏해야 백년 이내인 인간은 상상하지 못할 땅의 시간을 말하는 것이지만, 5000만 년 후에는 동아시아에서 동해가 사라지고, 아프리카판과 유라시아 판이 합쳐지면서 지중해는 높은 산맥으로 형성될 것이고, 인도와 오스트레일리아판도 유라시아판과 완전히 합쳐진다고 한다. 물론 그것도 잠시이고, 땅은 다시 움직여서 먼 훗날 약 2억 년 후에는 지구 모습은 아마시아라고 모든 대륙들이 한꺼번에 뭉쳐진 상태로 돌아간다고 지질학자는 예견하고 있다.

이토록 땅의 시간은 인간의 시간보다 어마어마하게 느리다.

그러고 보면 땅이 자신만의 시간을 가지고 있어서 엄청 다행이라는 생각도 든다. 땅이 우리처럼 빠르게 움직인다면 늘 지진의 상태에 있으리라.

인간은 땅을 마치 반석처럼 든든하게 여기고 있지만 내부는 부글부글 끓고 있다. 지구 내부 온도는 5200도나 된다. 태양표면 온도만큼 뜨겁다. 중심부에 내핵과 거기서부터 2400Km 정도의 액체로 된 외핵으로 둘러 싸여 있다. 그 위를 차지하고 있는 것을 맨틀이라고 하는데 지구 부피의 84%를 차지한다. 그러니까 우리는 이 맨틀 위, 지구의 엄청 얇은 표피에 붙어서 살고, 묻히고, 생명을 얻고, 집과 빌딩을 세우고, 사고팔고 소유하느라 평생을 투자하고, 생명을 기대고 있는 것이다.

혹시 땅이 없으면 인간은 존재할 수 있었을까, 이상한 상상을 해본다. 그리고 혹시나 우주만상 어딘가에 안정되고 단단하고 영원히 변하지 않는 어떤 것이 있지 않을까, 하는 질문도 던져본다.

놀랍게도 그러한 것은 아무 데도 없다. 적어도 아직까지는 알려진 바가 없다. 우주도 움직이고, 하늘도 움직이고, 땅도 움직이고 있다. 모든 자연은 변화하며 순환한다. 그것이 답이다. 변화와 순환은 생명의 근원적 성질인 것이다. 당연히 인간도 예외가 아니리라.

변신하는 돌

여자들은 돌을 좋아한다. 어떤 여자는 목숨과 바꿀 정도로 사랑한다. 어떤 여자는 인간보다 돌을 갈망한다. 나도 조각가 출신이라 돌만 보면 쪼아대고 싶은 충동을 느낀다. 내가 좋아하는 돌은 그다지 작지는 않은 편이지만.

이미 짐작했겠지만 보석도 돌이다. 여자들의 그런 취향이나 집착 때문에 남자들은 갖다 바치느라고 뼈 빠지게 일한다. 뼈도 이른바 몸의 주춧돌이라 할 수 있다. 엄밀히 말하자면 암석과 보석과 모래와 먼지는 다르지만, 큰 카테고리 안에서는 같은 종이다. 형태와 성질만 다를 뿐이다.

지구에 가장 많은 돌은 암석의 파편인 모래이고, 가장 희귀한 돌은 보석이고, 모래처럼 많고 보석처럼 빛나는 돌은 우주에 떠있는 별이다. 참, 아인슈타인의 이름이 돌쇠라는 걸 아시는지? 천재의 이름이 하나의 돌이라니, 설마 그의 두뇌가 돌이라고 그런 이름을 붙여준 것은 아니었겠지만.

어쨌든.

성분으로만 보자면 루비나 에메랄드 같은 보석은 알루미늄 옥사이드란 돌에 불순물이 들어간 것이다. 막말로 보석은 알루미늄이 녹이 슨 거다. 그러나 그것은 막말에 불과한 말이고 실제로 보석에는 신비한 매력과 희소성과 아름다움이 있으며 부와 권력을 상징하고 무엇보다도 빛의 유희를 볼 수 있다. 그렇기에 보석에서 가장 중요한 요소가 색깔이다.

1장에서 빛에 관해서는 이미 다루었으므로 생략하겠지만 아름다움을 느끼게 하는 데 있어 꽃과 보석은 거의 동등한 무게를 지닌다.

둘이 드러나게 다른 점은 내구성이다. 보석은 꽃보다 오래간다. 오래 지니고 있어도 긁히거나 파손되지 않고 변하지 않는다. 그래서도 흔히들 다이아몬드가 영원하다고 믿고 있지만 (Diamonds are forever라는 007 노래도 있고) 다이아몬드도 그냥 놔두면 언젠가는 흑연이 되어버린다. 다이아몬드와 흑연은 동일한 성분으로 이루어져 있다. 이들의 차이는 탄소 원자의 결합 방식이 다르다는 점인데 시간이 지나면 결합이 와해되어서 다이아몬드가 흑연으로 변해버리기 마련이다. 다이아몬드가 최고로 단단하다지만 잠정적일 뿐이다! 당연히 영원하지 않다.

지구의 모든 것들은 변하고 순환하고 있다.

이것이 지구에 있어서 변하지 않는 법칙이다. 산도 풍화되고 대륙은 꿈틀거리며 바다가 사라지는가 하면 초원이 사막으로도 변하기도 한다.

변화야말로 지구의 특성이다. 하지만 이러한 변화 속에도 규칙이 있다. 지구를 이루고 있는 원자의 수는 한정되어 있다. 한 부분을 구성하는 원자가 다른 부분에 사용되려면 빠져나간 자리를 메울 원자를 어디에서든 가져와야 한다. 질량 보존의 법칙 하에 있기 때문이다

그러니까 돌들도 한 형태에서 다른 형태로 모습을 바꾸었다가 원래로 돌아오는 순환을 거친다. 그러면 그들이 변신을 거듭하는 과정을 따라가 보자.

제일 처음 지구에 있는 모든 암석은 붉게 빛나는 액체 상태의 바위가 굳어진 화성암이었다. 지구 내부에 물컹물컹한 상태로 있던 마그마가 식어서 만들어졌는데, 형성된 위치에 따라 두 가지 종류로 나누어진다.

분출암은 말 그대로 화산이 분출할 때 지구표면으로 솟아나와 굳어진 돌이다. 그와 반대로 변성암은 땅속 깊은 곳에서 서서히 굳어진 암석인데, 보석 광물은 여기서 많이 발견된다. 시적으로 비약하자면, 마치 부처님이나 깨달은 자들이 남기는 '사리'와 같다고 할까?

시간이 흐르면 바다의 조류, 강물의 흐름, 바람 등의 물리적 풍화작용으로 암석은 점차 변해서 모래로 변하기도 하고 점토로 있기도 한

다. 나중에 조산 운동이 일어나면 모래의 사암층은 융기하기도 하고 다른 해안으로 실려 가기도 한다.

그래서 대천 해수욕장에 있는 모래알들은 먼 과거에는 다른 곳에 있었을 테고, 미래에는 어딘가로 실려가 또 다른 바닷가에 가 있을 것이다.

무수한 시간이 지나면서 돌들은 열과 압력에 의해 새롭게 변하게 된다. 전혀 새로운 광물이 만들어지기도 한다. 나비들이 애벌레에서 탈바꿈하는 변형(metamorphosis)을 연상시킨다.

그러니까 인간들이 그러하듯, 돌들도 태어나서 지구 표면에서 지내다가 시간이 지나면 다시 지구 내부로 들어가 새로운 돌로 변용되는 원순환을 보여주고 있다고 하겠다.

풀의 혁명

땅에 서 있는 것은 인간 말고는 나무와 풀들 뿐이다. 나무는 크고 풀은 작다. 그들은 비슷하지만 다르다. 풀과 나무는 질소, 산소, 이산화탄소의 순환 사이클에서 매우 중요한 역할을 맡고 있다. 마치 지구 무대의 중심인물과도 같다. 인간 말고는.

그러나 나무와 풀은 그토록 같으면서도 실제로는 양과 음처럼, 또는 甲에 대항하는 乙처럼 끊임없이 충돌한다. 겉으로는 알아차릴 수 없지만 햇빛을 차지하기 위해서 서로 격렬하게 싸우며 살아간다.

김수영의 「풀」이란 시에서 보면 풀을 약자로 비유하며 그들의 혁명을 시사하고 있는데, 7-80년대 민주화 시대 사람들은 그 시에 엄청나게 감정이입을 했었다.

풀이 눕는다/ 비를 몰아오는 동풍에 나부껴/ 풀은 눕고/ 드디어 울었다/
날이 흐려서 더 울다가/ 다시 누웠다

풀이 눕는다/ 바람보다도 더 빨리 눕는다/ 바람보다도 더 빨리 울고/바
람보다 먼저 일어난다

날이 흐리고 풀이 눕는다/ 발목까지/ 발밑까지/ 바람보다 늦게 누워도/
바람보다 먼저 일어나고/ 바람보다 늦게 울어도/ 바람보다 먼저 웃는다/
날이 흐리고 풀뿌리가 눕는다

— 김수영의 「풀」 부분

풀은 바람보다도 더 빨리 쓰러지지만 바람보다 먼저 일어난다고 시
인은 노래하고 있는데, 과연 그런가 그들은?

과학적으로도?

지금부터 8천만 년 전에 공룡들이 뛰놀던 지구는 침엽수들로 온통
뒤덮여져 있었다. 그때는 북극과 남극에도 숲이 울창했다. 지구 온도
가 지금보다 훨씬 더 높았기 때문이었다. 거대한 수목들이 하늘을 덮
어 햇빛을 차단하고 있어서 초기의 풀들은 생존할 방도가 없었다. 완
벽한 어둠은 아니었지만 풀들이 존재하기엔 너무도 열악했다.

풀들은 나무들의 지배에 도전해야만 생존이 가능했다. 골리앗에 도
전하려는 다비드처럼!

풀들에게는 독특한 성질이 있었다. 날이 건조할 때 벼락이라도 떨
어지거나 하면 쉽게 불이 붙었다. 풀들은 그런 자신의 성질을 이용해

위기를 극복하고자 기발한 전략을 펼쳤다. 스스로를 불에 태우는 동시에 햇빛을 차단한 거대한 수목들을 태워버리는 것이었다. 그 결과 나무들은 몽땅 불에 타버렸으나 풀들은 다시 일어날 수 있었다. 풀들은 불에 내구성이 강한 면이 있었던 것이다. 풀뿌리는 불에 잘 타지 않는 구조라서 보호가 가능했고, 또한 회복기에 들어서도 풀들은 나무보다 성장 속도가 훨씬 빨랐다.

불은 나무에게는 종말과 같은 재앙이었지만 풀에게는 도약할 기회였던 것이다.

풀들이 나무가 정복했던 땅을 점령하게 되면서부터 그에 따른 연쇄반응이 지구에 일어났다. 저절로 새로운 변화들이 태동하게 되었는데, 나무에 달린 잎사귀를 먹던 동물들은 멸종하게 되고 땅에 있는 풀들을 먹을 수 있는 이빨을 가진 초식동물들만이 생존하게 된 것이었다.

자연계는 하나로 연결되었기에 하나의 급격한 변화는 계속 도미노 게임처럼 연쇄반응을 일으키며 이어간다.

그리하여 초식동물들이 먹고 배설한 '실리카(이산화규소)'라는 광물들은 바다로 흘러가 돌말류를 탄생시키고, 그 돌말류는 바다 생명들의 먹이사슬을 형성하게 해주었을 뿐만 아니라, 지구에게 엄청난 산소량을 만들어 주었다. 바다의 허파라고 불리는 돌말류는 바다의 1/10을 덮고 있어서 지구 산소의 1/4나 되는 산소량을 생산해주었기에 지구에는 더욱더 다양한 생명들의 폭발이 가능해졌다.

1만 2천 년 전에는 풀들로 인해 세상을 영원히 바꿀 중대한 사건이 일어났다. 그것은 어떤 특정한 풀에서 시작되었다. 즉 우리가 빵을 만들어 먹는 '밀'이라는 풀이다. 그 밀이란 풀로 인해 인간은 유목생활에서 농경생활로 전환했고, 이어서 문명이란 것도 탄생하게 되었다.

식물은 본래 스스로 애써서 씨를 퍼트려야 되지만 인간이 밀을 경작하게 되면서부터는 엉뚱하게도 풀과 인류의 주종관계는 모호해졌다. 밀과 인간은 서로를 필요로 할 수밖에 없게 되어버린 것이다.

그러니까 풀들이 스스로를 불태우는 전략은 그야말로 혁명 중의 혁명이었다! 결과적으로 인류의 운명까지 바꾸어놓게 되었으니.

구름, 하늘에 백만 마리 코끼리

바람이 조각가라면 구름은 화가다. ♪구름이 구름이, 하늘에서, 그림을 그림을, 그립니다♪ 라는 동요도 있다. 그러나 천변만화를 주물럭대고 변신시키고 유희하는 이미지를 창조해내는 측면에서 본다면 구름처럼 문학적인 것이 어디 있을까.

구름은 참새였다가 그 새가 앉았던 나무로 모양을 바꾸다가, 때론 토끼였다가 그를 쫓는 사냥꾼이 되다가, 어느새 그도 저도 아닌 빈 벌판의 풍경을 하늘 화면에 내어준다.

구름은 하늘의 감정표현이다. 그리고 물의 요술이다.

구름의 덧없는 아름다움은 실체가 없다. 마치 만물이 허상이듯이. 그리고 그 만물의 원리는 천변만화(千變萬化)라고 말해주는 듯이.

구름은 수증기(물의 기체)가 위로 올라가면서 냉각이 되어 물방울(물의 액체)이나 얼음(물의 고체)으로 있다가, 이따금 우박이나 눈송이로 되기도 하다가, 또다시 모든 것의 혼합체(비구름)이기도 하면서, 물상이 가지는 고유한 영역이나 경계를 제멋대로 왔다갔다 한다.

게다가 사각형 구름이나 정육면체 구름은 볼 수 없다. 대지의 많은 것들은 기하학적 패턴을 만드는데 구름은 어떤 뚜렷한 형태가 없다. 그럼에도 매우 분명한 패턴, 일종의 대칭성은 있다. 물론 순간적이지만.

그래서 과학자들은 구름을 도무지 종잡을 수 없는 무엇으로 생각해 왔다. 어떤 것 하나로 규정할 수 없다는 말은 과학에서는 예외적인 것이다. 눈에 보이지 않는 양자 세계까지 들여다보고 있는 현대과학이 우리 머리 위에 머물고 있는 구름에 대해 아직 풀 수 없는 수수께끼가 많다고 하니.

1959년 미국 공군 조종사 랭킨은 솟아오르는 뭉게구름을 피하려고 14.3km 고도까지 높이 올라갔다가 전투기 엔진이 완전히 정지해 버리는 바람에 거기서 탈출해야 했다. 그는 적락운 속을 날고 있다가 맨 몸으로 떨어졌다. 하지만 돌처럼 떨어지지 않았다. 10분이나 낙하했으나 구름 중앙을 휘감아 오는 거대한 바람줄기 때문에 낙하가 지체되고 있었다. 워낙 캄캄하고 깊숙한 구름 속이라 고도를 판단할 기준은 보이지 않았고, 위로 솟구쳐 오르는 바람이 계속 밀려오는 기세에 떨어지는 것이 아니라 오히려 위로 끌려갔다고 한다.

그 과정에서 조종사 랭킨은 우박을 만나고 번개를 만나고 천둥을

몸으로 느끼고 하면서 마치 꿈의 세계처럼 고꾸라지듯 떨어졌다가는 멈추고, 다시 올라갔다가 털썩 떨어졌다 되풀이하면서 곡예라도 하듯 추락했다. 그가 그렇게 떨어지는 데 50분이나 걸렸다하니, 우리가 생각하는 것보다 상당히 오래 걸렸던 것이다. 하늘에서 땅으로 떨어지는 과정에서 그가 만난 구름은 평소에 땅에서 보던 구름과는 현저히 달랐다고 한다.

구름도 인간 마음처럼 층층으로 이루어져 있다. 높이와 겉모습에 따라 이름과 성질과 행동과 힘이 다 다르다.

식물의 분류법처럼 속(屬)이 있고 종(種)이 있다. 높이에 따라 상층운, 중층운, 하층운으로 나뉘는 속(屬)이 있고, 뭉게구름, 쌘비구름, 불구름, 조개구름, 파상구름, 두루마리구름, 산악구름, 새털구름, 삿갓구름, 솜털구름, 깔때기구름, 모루구름, 유방구름, 아치구름, 꼬리구름, 강수구름, 자개구름, 야광구름, 등등의 종(種)이 있다.

이렇게 구름의 유형을 구분 가능한 듯이 다루고 있으나 실상 구름은 언제나 요동치고 있다. 대기의 기온과 습도에 따라 한 유형에서 다른 유형으로 끊임없이 변화할 뿐이다. 그러니까 결국 하나의 구름을 두고 우리들은 이름만 달리 부르는 것이다. 안개도 지상에 있는 구름이다.

모든 구름의 정체는 물이다.

우리가 매일 마시는 물과 다른 점이 있다면, 구름은 셀 수 없이 많은 불투명하고 하얀 작은 물방울이나 얼음조각으로 이루어져 있는 것이다. 유리잔에 들어 있는 물은 매끈한 하나의 표면만을 갖고 있지만, 구름은 수없이 많은 물방울 표면을 가지고 있다. 빛이 사방으로 산란하기 때문에 구름은 하얗고 넓게 흩어진 모양으로 보인다.

더 놀라운 사실은 전형적인 뭉게구름 속에 들어 있는 물방울 무게가 코끼리 80~100마리 무게와 비슷하다는 점이다. 뭉게구름 속에 들어 있는 물방울 크기는 극단적으로 작지만 그 숫자가 무지막지하게 많기 때문이다.

구름 속 물방울 입자에 따라 땅으로 떨어지는 비의 종류가 다르게 된다. 입자가 작으면 안개비나 가랑비, 입자가 크고 속도가 급하면 소낙비, 이루 말할 수 없이 다양하다.

구름을 이루고 있는 습기는 바다에서도 오고, 호수에서도 오고, 태양빛을 받아 증발하는 것들이 모아져 이루어진다. 지구의 뜨거운 공기는 올라가고 차가운 공기는 내려가 마치 태극(太極) 형태처럼 움직이며 순환한다.

날씨란 이러한 공기의 움직임 때문에 생긴다. 습기를 먹은 공기가 위로 올라가 차가워져 구름으로 머물다가 무거워지면, 빗방울로 우박으로 눈으로 내려오게 되는 아름다운 귀환을 거듭하는 것이다.

지구로부터 대략 12킬로미터가 바로 이런 경계다. 거기서부터 공기가 점점 희박해지다가 구름이 다시 땅으로 순환하는 지점이다.

공기는 이 두께의 대류권 안에서 순환하며, 구름은 이 거리 안에서 일어나는 현상이다. 그러므로 12킬로미터 밖에는 구름은 없다.

상승하는 공기가 그 지점까지 올라가기 전에 비나 얼음으로 떨어지기 때문이다.

대기권은 대류권, 성층권, 중간권, 열권, 4개의 층으로 나눌 수 있는데, 땅의 지표면에서부터 약 100킬로미터 정도 위에 있다. 서울에서 대전보다 가까운 거리다.

대기권은 지표로부터 1,000km까지지만 그중 지표에서 100km까지의 균질권만을 대기권이라고 부른다. 대기의 오존층이 UV를 흡수해주어 우리가 생명을 유지할 수 있는 거다. 즉 태양 표면의 온도는 대략 섭씨 5500도인데, 구름에 가려지지 않는 한, 복사는 대기를 통해 지표면까지 거의 방해를 받지 않은 상태로 도달할 수 있기 때문이다. 이렇게 구름이 순환하는 대기는 지구가 생명을 품을 수 있게 보호하는 막과 같다.

금성은 지구와 거의 비슷한 크기의 행성이지만 표면의 온도가 거의 지옥불이 연상될 정도로 높다. 납도 녹을 정도로 뜨겁다. 금성에도 물이 있었을 것이나 너무도 뜨겁기 때문에 빠르게 증발했을 것이며, 지나치게 많은 이산화탄소가 있는 대기를 지니고 있다. 만일 지구도 대기가 없었다면 사는데 필요한 온도에 이르지 못해 인간은 생존할 수 없었을 것이다.

생명을 보호하는 대기층은 마치 인간의 껍질인 피부와 같다. 인간도 피부가 내부의 뼈와 근육과 피와 내장과 각종 기관들을 보자기처럼 감싸주지 않으면 생존이 불가능한 것처럼, 대기층은 지구에 그런 결정적인 역할을 하고 있다.

구름이 회색으로 보이는 것도, 하늘이 푸르게 보이는 것도, 빛이 공기 중에 산란하기 때문이고, 만약에 공기가 없다면 하늘은 까맣게 보일 것이다. 우주선에서 보는 하늘은 까맣듯이.

모호하고, 덧없고, 변덕스럽기 그지없는 존재인 구름의 행동을 보여주고 분류하는 시도를 하기는 했지만 사실상 구름은 끊임없이 변화한다. 이렇게 끊임없이 변화하는 구름의 형태 중 어느 순간을 일컫는 용어는 인간이 규정한 것일 뿐이다.

구름은 변화 과정에 있는 물이다. 끊임없이 하늘과 땅을 오르내리는 물의 순환 중 잠깐 스쳐 지나는 한 단계에 불과한 것이다. 그럼에도 데이비드 소로우의 말을 빌리자면, 노을의 아름다움은 오직 구름 때문일 것이다.

바람

바람은 우주가 뿜는 숨결이다
— 장자

서둘러 집으로 돌아가는 길에 갑자기 바람 몇 줄기가 곁으로 솔솔 불어왔다. 사월의 날들은 변덕스러웠지만 이때야말로 나무를 심기 좋다. 땅은 부드럽고 바람은 세고, 바람에 흔들려야 나무뿌리가 확실하게 자리를 잡게 될 테니까.

이런저런 생각으로 휘청거리며 길을 걷다보니, 나무를 흔들던 봄바람이 어느새 내 옷자락을 펄럭이고 머리카락을 흩뜨리다가 순간 사라져버린다. 그런 후 어디로 갔는지 보이지 않는다. 바람은 물체를 움직이고 전기처럼 어떤 작용을 하고 사랑처럼 자신의 존재를 느끼게 하지만 실체는 없다. 바람은 도대체 어디에서 오는 걸까?

바람에 관한 과학의 답은 이렇다.

우선 바람은 지구에만 있다. 산소가 있는 곳이라면 바람이 생기는 것이다.

결국 바람은 공기의 움직임이다. 공기가 없으면 바람도 없다. 화성에도 목성에도 바람이 없다. 당연히 달에도 바람이 불지 않는다. 아폴로 우주선이 달에 가서 꽂아놓은 미국 성조기는 펄럭일 수 없다. 바람은 지구에만 있는 현상이다.

그러면 그들은 어디서부터 시작되나?

바람이란 말자체가 풍기는 것처럼 사방팔방 정체가 없는 듯하지만 구체적으론 압력 차이 때문에 만들어진다. 즉 가벼운 공기가 위로 올라가면 그것을 메꾸려고 옆에 있던 공기가 이동한다.

그리고 지구가 자전하는 영향을 받아 바람의 방향이 생긴다. 그래서 한국으로 불어오는 바람들은 대부분 서쪽에서 온다.

우리나라 날씨에 영향을 주는 5개의 기단은 시베리아기단(한랭건조), 오호츠크대기단(한랭다습), 북태평양기단(고온다습), 중국대륙 양쯔강기단(온난건조), 적도기단(고온다습)이다.

조금 전의 몇 줄기 바람은 나를 간질이며 부드럽게 스쳐갔지만 지구에는 악당 같은 바람도 있다. 그런 바람은 우리나라에도 정규적으로 찾아오는데 올 때마다 모든 것을 뒤집어 엎어놓는다. 성질이 나쁜 폭력배처럼 나무뿌리를 뽑고 집 지붕을 날려버리고 땅의 모든 것을 뒤흔든다. 태풍은 해수면의 온도가 섭씨 26.5도까지 올라가는 곳에서만 만들어진다는 게 정설이다.

열대성 태풍이 생기려면 따뜻한 바다뿐만 아니라 강하지 않는 약한 바람의 도움이 필요하다. 높은 고도에서 태풍의 진행 방향 옆으로 부는 바람이 있으면 형성되고 있는 태풍의 힘이 반으로 줄어들기 때문이다. 태풍에도 그것을 돕는 부하들이 있다는 게 우습게 느껴진다.

지구의 모든 것이 순환하고 있는 것은 확실하다. 바람도, 물도, 흙도, 모두가 한 바퀴씩, 아니, 끝없이 돌고 돌면서 순환한다.

혹 불교가 말하듯이 인간 영혼도? 제발 아니길 바라지만 누가 알랴! 모든 걸 처음부터 다시 시작하다니? 적어도 과학은 그런 이야기를 삼가고 있어서 다행이다.

일단은 유보하고 다시 물질의 세계로 돌아가자.

땅은 땅만의 순환 사이클이 있다. 앞서 보았듯이 한 형태에서 다른 형태로 바뀌었다가 다시 원래 모습으로 돌아온다. 화산 활동과 지각의 움직임으로 땅은 끊임없는 순환을 거듭한다.

탄소의 사이클은 더 거대해서 우주와 소통된다.

일단 지구에서의 순환체계를 보자. 탄산가스에 있는 탄소는 공기 중에 있다가 식물이 광합성을 해서 셀룰로이드 구조를 만들 때, 그 속으로 들어가 있다가, 그것을 먹는 동물에게로 옮겨가고 그가 숨을 쉬면서 뿜어내며 순환구조가 이어진다. 질소의 경우도 비슷하다. 동물이 먹고 난 후에 암모니아를 내보내면 땅속에서 쉽게 비료가 되고 식물은 그것을 영양소로 삼아서 자라다가 다시 동물에게 먹히는 순환체계이다. 탄소의 사이클과 혼재되는 영역을 산다고 볼 수 있다.

또 물은 물 나름대로의 고유한 사이클이 있다. 우리에게 비교적 친숙한 순환체계이다.

물, H$_2$O는 수증기였다가 구름이 되었다가 비가 되어서 강으로 흘러가고 바다로 가서 다시 지상으로 올라가 구름이 되어 순환하는 시스템이다. 그리고 물 H$_2$O는 환경에 따라 형태를 바꾸어, 비가 되고 얼음이 되고 눈이 되고 다시 물로 돌아가는 과정을 번복한다. 그 과정에서 성질도 상도 변하는 그야말로 변화무쌍한 물이다.

이렇게 물이나 탄소나 땅은 순환하면서 모습을 바꾼다. 상(象)이 변하는 것이다. 분자는 바뀌지 않지만 성질도 구조도 모양도 변형을 겪는다. 그런데 바람의 경우는 다르다. 꼭 여기에 속하지는 않는다.

바람은 기본적으로 기체에 머물러 있다. 물론 바람도 대기를 훑어가며 세기와 강도를 바꾸어, 살랑살랑 미풍에서 난폭한 폭군과 같은 허리케인으로 변하기는 하지만 물이나 흙처럼 순환되거나 변형된다고 보기는 힘들다. 방식이 순환체계라기보다는 그저 기체의 움직임이라고 보인다. 순환은 순환이라지만 독특한 스타일이다. 과연 바람답다! 제멋대로다!

온도 1도

동백은 2월에 피고 개나리는 3월에 국화는 9월에 핀다. 그러나 꽃들이 계절을 따라 핀다기보다는 온도를 통해 스스로의 때를 감지하여 핀다고 볼 수 있다.

철모르고 피는 꽃들이나 아무 때나 먹을 수 있게 된 수박이나 딸기들은 온도의 성질을 이용한 현대인에게 속아 발화된 것이다. 온도에 따라 곤충들도 제각기 다른 반응을 보인다. 귀뚜라미와 매미는 기온의 변화에 따라 우는 횟수가 다르다.

식물이나 동물만 아니라 온도 1도에 따라 지구 전체도 출렁인다.

지구의 평균온도가 1도만 상승해도 북극의 빙하가 녹고 해안 도시는 물에 잠길 수 있고 쓰나미가 일어나고 물고기들이 대량 몰살당하는 연쇄반응이 일어난다.

이처럼 온도 1도만 높아져도 박테리아가 증식하는 속도가 무지막지하게 빨라져 지구종에 연쇄 반응과 심각한 영향을 끼친다.

일정한 체온을 유지하며 사는 인간은 온도 치수가 42도가 되면 두뇌가 상하게 되고 34도로 떨어지면 동사한다.

이걸 보면, 열이란 생명이다, 따뜻함은 그 생명의 증거이고.

박테리아만 빼고 지구에서 생존하는 모든 생명은 온도의 매우 제한적인 테두리 안에서만 살 수 있다. 그 범위 밖에서는 죽음이다.

온도가 올라가게 되면 생명의 기본구조를 이루고 있는 단백질이 변용되어버리기 때문이다. 단백질은 세포 내의 화학반응을 일으키는 거의 모든 효소의 구성 성분이기에 단백질이 없다면 생명 현상은 불가능하게 된다. 단백질 분자는 100도가 넘으면 더 작은 분자로 해체되고 3~4000도가 넘으면 원자로 해체된다. 거꾸로 0도 이하가 되면 생화학적 생명과정이 아주 느리게 진행되어 활성 생명체의 존립이 불가능해진다.

생명이 탄생할 수 있는 이상적 온도는 25도에서 45도 사이이다. 지구상에 살고 있는 고등 동물의 체온도 이 범위이다. 그러므로 단백질은 에너지와 엔트로피 사이에 균형을 잡고 있는 물질이다.

생명이란 찰나의 질서이다!

현재 지구의 인구가 78억이나 되어가고 생존경쟁이 심화된 상황에 살고 있는 까닭에, 우리는 생명에 대해 무덤덤하게 여기는 편이지만, 사실 생명이란 일반적인 경우가 아니라 예외적인 것이다.

문학적 표현으로 바꾸어 말하자면 생명은 기적인 것이다. 무엇보다도 생명이 존재하려면 온도가 절대적으로 필요하며, 계속 생존을 유지하기 위해서는 어떤 특정한 온도가 늘 수반되어야 하고 또 지속되어 있어야만 한다.

　잠깐만! 엔트로피의 개념 설명이 빠졌다. 온도에 관해서 또 그 변화를 기술하려면 용어가 필요하기 때문이다.

　'엔트로피'는 자연의 변화를 기술하는 수학적 용어이다.

　독일 과학자 클라우지우스가 1850년에 그의 가장 중요한 논문인 '열과 온도의 관계에서 열역학 제 2법칙'에 관한 첫 논문을 발표했다. 그는 에너지와 비슷한 단어를 찾다가 라틴어 'en-tropy'를 어원으로 삼아 개념을 만들어냈다.

　엔트로피는 'entropy=into-transformation'로 번역되며 '변화로 들어간다'는 뜻이다. 그리고 그는 차가운 물체에서 뜨거운 물체로 전달되는 열 흐름은 결코 일어날 수 없다고 했다.

　아니, 이거야 당연지사가 아닌가? 찻잔의 물은 식기만 하지 저절로 뜨거워질 수 없는 게……? 과학자 클라우지우스는 찻잔 속의 물은 식기만 하지 저절로 뜨거워질 수 없으며 그렇게 열의 흐름은 시간이 흐르는 방향을 정의한다고 했다. 꽃이 핀 다음에야 지는 것이지, 지고 난 다음에는 다시 피는 것이란 불가능한 게 당연한 사실이 아닌가?

　엔트로피를 보면 때론 과학이 너무도 자명한 사실을 괜히 복잡하게 만들어놓은 것이 아닌지 하는 의심이 일어난다. 그래도 엄청난 심오한 원리를 발견한 과학을 존중하는 의미에서 다시금 경청으로.

에너지와 온도는 어떻게 연결되는 걸까.

온도는 분자들의 무질서한 운동 에너지의 척도이다. 분자들이 활발한 상태이면 온도가 높다. 그래서 뜨거운 공기가 에너지가 높다. 바닷물의 물 분자들도 격렬하게 움직이고 있기에 에너지가 높지만 그 에너지는 끄집어낼 수 없다. 여기서 엔트로피 개념이 다시 개입된다. 즉 에너지는 열이 차가운 데서 뜨거운 쪽으로 흐르지 않기 때문이다.

'온도는 엔트로피의 에너지에 대한 변화율의 역수이다.' 엔트로피가 무질서를 지칭하는 게 아니라 무질서의 척도를 보여주는 것이다.

어떤 생명도 에너지가 안 들어가면 죽음이다. 무질서로 떨어진다. 그러면 에너지는 무엇인가? 열은 에너지인가?

그렇다, 열은 움직임이므로 에너지의 한 형태이다. 에너지는 무언가를 움직일 수 있는 능력이고, 모든 움직이는 물체에는 운동 에너지가 들어 있다. 그래서 휘발유의 화학에너지가 자동차에 들어가 운동에너지로 변해서 차는 움직일 수 있게 되는 것이고, 태양의 광에너지가 식물에 들어가 꽃들이 개화할 수 있는 것이다.

이것이 바로 에너지 보존법칙이다. '에너지는 모습이 변해도 총량은 일정하다. 생성과 소멸이 되지 않는다.'가 그 이론이다.

현대를 사는 우리에겐 이것이 너무도 당연하게 들리겠지만, 그 전에는 에너지는 쓰면 사라져버린다고 생각했다.

그러나 인류는 에너지 보존법칙이란 이론에 힘입어 새로운 시도를 해보게 되었다. 그 결과로 수력발전소, 화력발전소들이 생겼다. 에너지 활용의 교류를 적극적으로 적용하기 시작한 것이다. 어차피 써도 없어지지 않을 것이며, 에너지끼리 서로 상통할 수 있다고 생각했기에 담대해질 수 있었던 것이다.

새로운 관점이 새로운 세계를 열어주었던 확실한 예다.

생각해보면 하나의 관점이 새로운 세계를 열리게 한다는 것은 놀랍기도 하고 두렵기도 하다.

그러므로 앞으로 나아가고자 하는 사람들은 아무쪼록 살면서 지각의 창을 깨끗이 닦고 굳건히 믿고 있는 것들을 수상쩍은 시선으로 바라봐야 되지 아닐까. 이념이나 이상이나 믿음이나 그 무엇이든지.

4장 人인간

겹겹이 양파와도 같은
「원자」억 x 억 x 억의
「DNA」몸 안의 도서관
나의 「미토콘드리아」
「원소」불꽃놀이, 그와 그녀
「전자」너무나도 먼 당신!
「과학과 신화」어떻게 원숭이가?
세계를 뒤집어놓은 사람들과 책

겹겹이 양파와도 같은

모든 생명체는 저마다 하나의 우주다.
— 찰스 다윈

알고 보면 우리는 겹겹의 세계로 둘러싸여 살고 있다. 나노 차원의 미시세계가 우리 몸 안에 있는가 하면 우주와 같은 거대한 거시세계도 역시 참여하고 있다. 따로 분리되어 있다기보다 양파의 껍질처럼 중첩되어 있다고 하겠다. 그리고 각각의 세계는 나름대로의 법칙이 다르고 그것을 지배하는 원리도 다르고.

아주 작은 세계, 엄청나게 큰 세계, 그리고 매우 빠른 속도의 세계에는 우리 일상을 지배하는 법칙들이 적용되지 않는다. 차원이 다르게 되면 지배하는 힘과 규칙이 다르고, 크기가 달라지면 물리적 세계가 완전히 달라진다. 빛의 속도에 가까이 가면 이상해지는 것처럼 미세한 세계에는 우리 상식과는 다른 행동방식을 가진다. 그러나 그것이 모여서 거시세계의 현상을 만들어낸다. 거리와 세계가 무지막지하게 커졌을 때가 소위 '우주'인 것이다.

미시세계로 들어가면 숫자가 엄청 많아지지만 동시에 불확정성 원리에 엮어지게 된다. 한편 속도가 빨라지게 되면 시간과 공간이 변형되는 상대성이론이 펼쳐진다.

21세기를 사는 우리는 상대성 이론과 불확정성 원리에 접하게 되면서 점점 어디가 물리적 현실적 세계의 경계인지 헷갈리고 혼돈에 빠지게 된다. 사실 원자의 세계로 들어가면 우주의 세계와 만나기도 한다. 과학이 보여주는 아이러니 중의 하나이다.

이렇게 과학이 보여주는 세계들을 들여다 보면 볼수록, 인간이란 엄청난 한계 속에 갇혀 있음을 발견하게 된다.

인간의 생존과 경험 범위도 한정되어 있다. 인간이 생존할 수 있는 온도는 32도와 41도 사이에서다. 이 범위 밖으로 나가게 되면, 너무 더워서 못 살고 너무 추워서 못 산다.

그뿐만이 아니다. 우리의 눈은 한정된 가시광선의 영역만 볼 수 있고, 대상은 보지만 자기 자신은 볼 수 없는 치명적인 허점을 가지고 있으며, 몸은 원자로 구성되어 있어 텅텅 비어 있어도 지각하지 못하며, 우리가 딛고 있는 땅이 시속 100만 킬로미터 이상으로 달려가고 있어도 전혀 느끼지 못한다. 이렇듯 우리는 감각의 테두리에 제한되어 있다.

그럼에도 과학은, 예술이 그러하듯, 경험할 수 없는 것들을 경험하게 해주려고 한다. 이렇게 인간의 경험 테두리를 확장하는 과정에서 과학은 자연스레 추상화가 되고 관념화가 되는데, 그 과정에서 가장 요구되는 것이 상상력이다. 제한된 상황과 조건에서 벗어나, 넓고 크고 깊고 내밀한 세계들로 접근하려면 상상력이 필수적이다.

그러면 엄청난 상상력을 빌려서, 우리를 둘러싸고 있는 세계의 무한함을 말하고 있는 이야기를 들어보자. 「우파니샤드」의 인드라 신화이다.

어느 날 괴물이 나타나 인드라 신이 살고 있는 땅의 물을 다 마셔버렸습니다. 인드라 신은 세상이 이렇게 망쳐진 것을 보고 벼락을 쳐서 괴물을 요절내어 버렸습니다. 그래서 다시 물이 흐르고 세상이 생기를 되찾자 인드라는 자신의 능력에 감탄하며 우주산(宇宙山)으로 올라가 대단한 궁전을 짓기로 결심합니다. 일단 짓기 시작하자 점점 욕망에 휘둘려 인드라는 점점 크고 화려한 궁전을 짓기를 원합니다. 견디다 못한 건축가는 창조신인 브라마를 찾아가 탄원합니다.

브라마는 신의 에너지와 신의 영광을 상징하는 연꽃 위에 앉아 있습니다. 이 연꽃은 비쉬누의 배꼽에서 자랍니다. 비쉬누는 잠의 신인데, 이 신의 꿈이 곧 우주입니다. 브라마 신은 연꽃에서 내려와, 잠이 든 비쉬누 신 앞에 자초지종을 고하며 도움을 청합니다. 비쉬누 신은, 아이고 또 귀찮게들 구는군, 투덜대며 인드라 신을 불러들입니다. 비쉬누가 그에게 말합니다.

"들어보시오. 비쉬누는 우주의 바다에서 잠을 자오. 연꽃은 그 비쉬누의 배꼽에서 자라지요. 이 연꽃 위에 창조신 브라마가 앉아 있소. 브라마가 눈을 뜨면 세상이 존재하기 시작하지요. 이렇게 존재하는 세상을 다스리는 신이 인드라 라오. 브라마가 눈을 감으면 세상의 존재는 그것으로 끝나지요. 브라마의 수명은 43만 2천 년이요. 그가 죽으면 연꽃은 지고, 연꽃이 지면 새 연꽃이 피고, 새 연꽃이 피면 새 브라마가 태어나오. 자, 이 무한한 공간의 우주 너머에 있는 우주, 그 너머에 있는 우주를 생각해보시오. 그리고 브라마가 앉아 눈을 떴다 감았다 하는 연꽃을 생각해보시오. 인드라도 생각해보시오. 대양의 물방울을 셀 수 있고, 저 해변의 모래알을 셀 수 있을 만큼 지혜로운 자가 있을지 모르오만, 아무리 지혜로운 자라도 오고 가는 저 브라마의 수는 세지 못하오."

― 조셉 캠벨, 『신화의 힘』

이 신화야말로 현대과학이 탐구하고 있는 세계를 은유로 잘 보여주고 있다고 하겠다. 그러니까 이른바 우리가 알고 있는 익숙한 세계 너머엔 또 다른 세계가, 비약하자면, 우주 너머엔 우주, 그 너머엔 또 우주가 겹겹이 있을 수 있다는 것을 전해주고 있다.

늘 그래왔듯이, 신화는 앞서가고 있다. 지금의 과학은 우리 우주 너머의 또 다른 우주에 대해서는 아직은 상상조차 못하고 있지만, 언젠가 미래에는 어떤 상상의 씨앗도 발화되리라 믿는다. 인간이 상상했던 것들은 언제나 실현되어 왔듯이.

「원자」

억 x 억 x 억의

한 인간을 구성하는 성분:

산소 61%, 탄소 23%, 수소 10%, 질소 2.6%, 칼슘 1.4%, 인 1.1%, 칼륨 0.2%,
황 0.2%, 나트륨 0.1%, 염소 0.1%, 그 외 마그네슘, 철, 불소, 아연 등의 미량원소

물질로만 보면 인간은 원소로 만들어졌다. 원소를 딛고 그 위에 서 있으며, 원소를 먹고 원소를 내주며 살고 있다. 우리 두뇌도 역시 원소에 의해 구성되었고 어떤 의미에서는 생각 자체도 원소가 가진 특성의 특정한 발현이기도 하다. 물론 인간의 총체는 물질 너머에 존재하며 설명될 수 없는 존재이지만 일단 물질의 측면에서 그렇게 볼 수도 있다는 말이다.

오래 전부터 시인들은 하나의 문장을 찾으려고 했다. 표현을 위해서라기보다 농축된 한 줄의 말로 세계를 지워버릴 수 있는 경지를 추구해 온 것이다. 그래서 동양에서는 하이쿠 같은 짧은 시가 생겨났고 서양에서도 경구의 추구가 있었다. 그것은 가장 간결한 수학공식을

가장 높은 경지라고 여기는 과학에서도 마찬가지였다.

만약 세상에 종말이 닥쳐와 모든 지식이 파괴된다고 할 때, 우리가 알고 있는 과학의 정수를 한 줄로 적어 후대에게 전해 줄 수 있다면 그것은 어떤 말일까, 하는 질문이 과학자들 간에 있었다. 너무도 긴박하고 공포스런 순간에는 짧게 전달할 시간밖에 없을 테니까. 물리학자 파인만(Richard Feynman)은 지구인이 가진 지식의 정수를 이렇게 말했다.

"모든 물질은 원자로 구성되어 있다."

과학자들은 파인만의 한 줄의 말이 예수가 진리를 한 문장으로 요약한 "원수를 자신처럼 사랑하라"라는 것과 버금가는 경구라고 환호했다.

과연 그러한가? 모든 물질은 원자로 구성되어 있나? 인간, 꽃, 구름, 물, 돌, 테이블, 컵, 시멘트, 생물과 무생물을 포함한 우리의 세계는?

설령 종말이 아직 닥쳐오지 않았더라도 서둘러 살펴보자.

물질의 구성요소에 대해서는 그리스 때부터 말들이 많았다. 그리스 철학자들은 저마다 의견들이 분분했다. 그들 중에 데모크리토스는 물질을 자르고 자르면 더 이상 자를 수 없는 단위가 있는데 그는 그것을 '아톰(원자)'이라고 불렀다. '아'는 부정을 의미하고 '톰'은 자른다는 뜻. 문자 그대로 '더 이상 자를 수 없는 그 어떤 것'이다. 원자는 너무 작아서 감각기관으로 확인할 수 없었기에 그것이 '있다'는 증거를 찾는 데는 2천 3백여 년이나 걸렸다.

과연, 자르고 잘라서 더 이상 자를 수 없는 그것의 크기는 얼마인가? 원자의 크기는 1억분의 1 cm! 인간의 머리카락이 백분의 1 cm인데 그것을 다시 백만분의 1로 작게 잘랐을 때의 크기이다.

그러니까 정말로 원자가 세상의 물질을 이루고 있는 기본 단위인 것이다. 그러나 원자는 또 원자핵과 전자로 나뉜다. 마치 인류는 인간이란 기본 단위로 이루어져 있지만 둘로 나뉘어 남자와 여자라는 두 가지의 구조가 있듯이 말이다. 그런데 그 원자의 대부분이 빈 공간이다! 물질에서 99.9999999999퍼센트의 부피가 빈 공간이라는 사실은 놀랍다.

그렇기 때문에 지구상의 78억 인구의 원자핵을 모두 한데 모을 수 있다면, 각설탕의 한 개 만한 부피에 집어넣을 수 있다고 한다. 각설탕 하나에 모든 인구가?

이것은 물론 우리 몸의 원자들에서 빈 공간을 전부 짜낼 수 있는 방법이 있다는 상상적 가정하에서이다. 원자의 크기가 그만큼 엄청 작다는 이해를 위해서이고 그런 일은 실제로는 불가능하다. 전자들이 서로 밀치고 있기 때문이고, 그러기에 우리의 세상은 존재할 수 있는 것이다.

그렇다면 원자는 누가 만들었는가? 인류의 지성이 알아낸 마지막 단위라고 생각되는 원자는 도대체 어디서 온 것일까, 라는 질문이 저절로 제기된다. 종교에서야 하느님이 창조했다는 결론으로 곧장 도달할 수 있지만 과학에 있어서는 그런 비약은 허용되지 않는다. 당위성과 객관성과 논리성의 절차가 필수적으로 요구된다.

원자를 누가 만든 것인가에 대한 과학의 대답은 이러하다.

지구에 있는 모든 원소들이 우주에도 존재한다. 그리고 원소들은 모두 별에서 생성된다. 별은 거대한 핵융합 시스템이기 때문이다. 그러니까 우리를 구성하고 있는 물질은 우주에서 온 것이라는 결론이 내려진다.

인간도 별의 산물인 것이다! 소우주인 인간이 대우주와 상통한다는 오래된 진실이 과학적 근거를 만나고 있는 것이다.

흔히 우리는 우주인을 완벽히 다른 이질의 생명체로 상상하지만, 구성성분과 성질은 다를지라도 실제로는 그들도 우리들과 같은 원소로 만들어져 있을 것임이 틀림없다. 윌리엄 브레이크의 시가 생각난다.

To see a world in a grain of sand
한 알의 모래에서 우주를 보고
And a Heaven in a wild flower.
한 송이 들꽃에서 천국을 보라
Hold Infinity in the palm of your hand
네 손바닥 안의 무한을 붙잡아
And Eternity in an hour.
한 시간 속에서의 영원을 느끼라

시인은 모래알 하나 속에서 우주를 본다고 했는데 실제로 모래알은 실리콘 옥사이드로 그 한 알의 모래알 속에는 '억 x 억 x 억'의 엄청난 원자들이 들어 있다. 그러니까 예술의 눈과 과학의 눈은 다른 관점에서 시작했으나 상통하고 있었음이 분명하다.

그러므로 모든 건 별의 구성요소로 만들어졌으니 이 글을 읽는 당신도 원래 별입니다! 라고 외치지 않을 수 없다.

「DNA」

몸 안의 도서관

보르헤스는 『바벨의 도서관』이란 소설에서 우주를 도서관으로, 인간을 하나의 책으로 비유한다. 그리고 책의 페이지는 뒤죽박죽이며 형체가 일정하지 않으며 혼란스러운 성격을 가지고 있기에 설명이 불가능하다고 말한다. 근데 놀랍게도 그의 부친은 도서관의 한 육각형 진열실에서 MCV라는 글자로만 첫 줄부터 마지막 줄까지 씌어진 책을 보았다고 한다.

또 어떤 천재적인 사서들이 말하건대, 모든 책이 서로 얼마나 다르건 간에 동일한 원소들로 되어 있다고 했다. 즉 띄어쓰기에 따른 공백, 마침표, 쉼표, 그리고 22개의 알파벳 철자들이다. 그것이 도서관의 기본적인 법칙이라고.

포스트모더니즘의 선구자 보르헤스가 기상천외한 상상력으로 써낸

『바벨의 도서관』단편소설이 우주와 인간을 다른 방식으로 말한 것인지는 확신할 수 없지만 실제로 원자의 세계까지 내려간 생명과학은 동어반복적인 말을 하고 있다.

생명은 책처럼 읽고 번역할 수 있는 암호이다. 모든 생명은 DNA라는 암호로 적혀 있다.

DNA 암호는 아데닌, 구아닌, 시토신. 티민, 4개의 염기들이다. 그들은 A, G, C, T, 라는 생명의 〈철자〉로 표기된다. 그러니까 DNA는 위의 네 철자로 이루어진 철자열이라 할 수 있는 아주 긴 분자이다.

즉, 오직 네 개의 철자로 무한한 유전자의 집합을 만드는 것이다. 놀랍고 경이로운 일이다.

생명에도 〈단어〉들이 있다. 그 단어들은 각각 3개의 철자로 이루어진다. GGG, GTG, ATC, 등의 단어들이다. 그러므로 생명 언어의 단어는 총 64개이지만, 일부 단어들은 똑같은 뜻을 지녔기 때문에 사실상 20개의 〈단어〉가 있는 셈이다. 뿐만 아니라 그 단어들 중에 3개는 마침표의 구실을 한다.

생명 언어에는 〈문장〉도 존재한다. 과학에서는 그 문장을 일컬어 유전자라고 한다.

긴 DNA 분자에 적힌 긴 철자열의 대부분은 과거에 정크 DNA라고 불렸다. 그러나 오늘날에는 비암호화 DNA 라는 더 정확한 명칭으로 불린다. 거기에 유전자가 아닌 〈문장〉 혹은 〈지침〉이 적혀 있다.

유전자들은 마침표를 통해서 비암호 DNA로부터 구별된다. 유전자들과 비암호 DNA를 통틀어 게놈(genome)이라고 한다. 어떤 박테리아의 게놈은 90퍼센트가 유전자인데 비해 인간의 경우는 2퍼센트 미만이 유전자이다. 그래서도 인간은 주어진 운명을 개척할 수 있는 가능성과 자유가 더 주어진 게 아닐까.

정리하자면, 무릇 생명은 4개의 〈철자〉를 쓰는 암호로 적혀 있고, 64개의 〈단어〉로 이루어졌고, 그 단어들은 아미노산의 20개를 나타낸다. 유전자는 그 단어들을 나열한 〈문장〉이며, 의미를 읽는다면 아미노산의 사슬을 만드는 〈지침서〉인 것이다.

이렇게 생명의 언어는 매우 적은 단어들과 문장들로 쓰여 있다.

모든 생물의 게놈을 비교해보면 근원이 공통적임을 알 수 있다. 종들 사이의 차이는 게놈에 유전자의 개수에서 비롯되는 것이 아니라 유전자의 발현의 질서와 패턴에서 비롯된다.

위대한 문학을 위대하게 만드는 것도 어휘의 규모가 아니다. 매우 한정된 어휘만으로도 위대한 작품을 쓸 수도 있다. 중요한 것은 단어들이 어떻게 연결되고 배치되어 어떤 이미지를 가지고 독자에게 어떤 영향력을 주는가이다. 시인이 정서와 사상과 표현을 농축하고 압축하고 정제하여 가장 최소치의 길이로 말하려는 까닭도 생명의 언어, 그 뿌리에 다가가려는 몸짓에 근거한 것이리라.

생명에 관한 한, 보르헤스의 소설 『바벨의 도서관』에서 가장 의미심장한 문장은 "도서관이 아무리 거대하다 할지라도 똑같은 책은 없다"가 아닐까, 싶다.

존재계엔 똑같은 것은 없으며 자연은 복사를 만들지 않는다는 말이 생각난다. 누가 말했는지 생각나지는 않지만, 그러고 보니 아무도 나와 같은 엄지손가락 지문을 가지고 있지 않다. 자연은 개개의 사람들에게 독특한 엄지손가락을 주고 있는 것이다. 한 사람의 엄지손가락 지문은 훗날에도 다른 누구에게서 발견되지 않는다. 앞으로 수십 억 인구가 지구에 살더라도 똑같은 엄지손가락 지문은 다시 나타나지 않을 것이다. 하나의 난자에서 태어난 쌍둥이 형제조차 엄지손가락 지문이 다르다고 하니, 누구나 저마다 독특한 구조와 삶이 부여되지 않을 리가 없다.

눈 내리는 날에 어지럽게 휘날리는 눈발들은 모두 6겹 대칭의 구조이지만 정확히 똑같은 모양의 눈송이는 하나도 없다. 작은 눈송이도 그러한데, 하찮은 엄지손가락 지문도 그토록 다양한데, 하물며 만물의 영장인 인간은?

당연히 한 사람 한 사람은 개별적 사물들로 이루어진 세계를 바라보는 개별적 존재인 것이다. 물론 그 개별성은 분리가 불가능한 우주로 결국엔 통합되겠지만, 심장 박동이 각각 뛰고 있는 한 인간은 모두 유일무이한 존재이다.

조금 더 『바벨의 도서관』의 말을 빌려보자. 작가 보르헤스는 도서관이란 무한히 계속되는 체제로서의 육각형 진열실을 의미하지만, 빵이나 피라미드 또는 그 어떤 것도 될 수 있다고 말하고 있다. 그의 은유를 계속 따라간다면, 우주가 축약되어 있는 곳이 도서관(=인간)이지만 그러한 상징은 두루 널려 있으며, 그 무한함이 끝없이 계속된다고 했다.

그러니까 백조 개의 세포 차원에서 보면, 인간의 몸도 하나의 우주다. 한 인간은 바벨의 도서관인 것이다. 원자-분자-세포-오장육부-인간-지구-태양계-은하계-은하군-우주로 무한히 이어진다. 우주 안에 작은 우주가, 그 안에 더 작은 우주가 있고 그 반대로 우주 너머에 우주가 그 너머 밖으로 또 우주가 존재한다는 말이 된다. 그러면 다른 비약으로 넘어가보자.

내가 하나의 우주라고 하면, 너는?

당연히 너도 우주일 것이다, 그러면 그는?

논리적으로 그도 우주일 수밖에 없다. 그렇다면?

우주 너머엔 우주, 그 너머엔 또 우주가 겹겹이 무한하게 이어져 있는 것이라면, 인간도 무한하다는 결론에 이르게 된다……. 근데, 이게 정말이란 말인가!

나의 「미토콘드리아」

세포는 생명탄생의 기억을 가지고 있다.
— 린 마굴리스

생일 기념으로 미토콘드리아를 추적하기로 했다. 어떤 선물보다 좋을 것 같았다. 평소에 나는 주변 사람들로부터 인도사람 비슷하다던가 중국사람 같다던가 하는 말을 많이 들었다. 어렸을 때 어른들은 종종 굴레방 다리 밑에서 주워 왔다고 했고.

실제로 북경에 갔을 때 니하우, 하면 그들은 정말 나를 중국여자인 줄 알고 지나갔으며, 캘커타의 인도여자들은 잠시나마 나를 그들의 종족으로 착각했었다. 인도 전통옷을 입은 탓도 있었겠지만. 또 어찌어찌하다보니 미국사람이 된 적도 있고 유럽에선 베트남 여자로 오해받기도 했다. 순수한 토종 한국인인데도 말이다. 그래선지 나는 미토콘드리아를 추적하는 피검사를 꼭 하고 싶었다.

대학병원 실험실에서 피를 뽑았다. 분석 결과는 한 달을 기다려야 했다.

　밤이면 밤마다 꿈속에서 얼굴을 알 수 없는 여자들이 등장했다가 사라졌다. 짐작할 수 없는 방문들이었고 그런 꿈들이 한 달 내내 이어졌다. 드디어 실험실에서 연락이 오자, 꿈속에 애매하게 존재했던, 먼 먼 여자조상들로 뭉쳐진 실타래가 풀려나가는 느낌이었다.

　모든 호모사피엔스가 그렇듯이, 나의 모계도 아프리카에서 출발했다. 내가 속한 M7b 하플로그룹은 아프리카에서 중동을 거쳐서 남쪽으로 방향을 틀어 인도를 거쳐서 동남아시아를 지나 한국에 정착한 남방계 아시아인들이다. 그러니까 내 어머니의 조상의 조상의 조상은……, 한 번도 유럽이나 북쪽 몽고 지방을 가지 않은 셈이다. 한국인 중 약 15% 정도가 그런 유형이라 한다.

　휴, 다행이다. 몽고가 저지른 끔찍한 전쟁이나 유럽의 잔인한 종교 전쟁들은 적어도 피할 수 있었겠군, 내가 추위를 못 견디고 피부가 까무잡잡한 게 이유가 있었구나, 하며 나는 고개를 끄떡였다. 옆에 있던 남편은 갑자기 하하, 크게 웃었다. 그에게도 그럴만한 이유가 있었다. 미토콘드리아는 DNA 유전자와도 다르고 족보와도 다른 체계였기 때문이었다.

　미토콘드리아는 어머니의 어머니의, 즉 모계를 통해서 전해지는 중요한 세포소기관이다. 0.3~0.5nm 크기의 콩팥 모양이며, 산소호흡을 하는 모든 진핵세포의 세포질에 존재한다.

그 안에는 여러 효소가 있어 포도당과 같은 유기물을 산화시켜 ATP를 합성함으로써 인체의 세포 활동에 필요한 에너지를 제공하는 역할을 하는 세포발전소라고 할 수 있다.

핵의 유전자처럼 스스로 독자적인 DNA와 RNA, 리보솜을 가지고 있어 독자적인 증식이 가능하다.

과학자들은 생명 역사의 초기에 모든 세포는 핵이 없는 세포였다고 생각하고 있다. 그런데 어떤 시점에 한 세포가 다른 세포를 삼켜 새로운 공생체계가 형성되었다고 가정하고 있다. 핵이나 세포 안의 다른 구성물을 둘러싸는 이중막이 그 증거라고 한다. 빨려 들어간 세포는 자신이 흡입한 세포막 외에 자신의 막도 지니고 있기 때문인데 그 진핵세포는 저마다 다른 역할이 있는 단순세포군이 진화한 것이다. 미토콘드리아 세포도 그런 세포들 중의 하나였다.

세포 내에서 DNA를 가진 것은 핵(nucleus)과 미토콘드리아 두 곳뿐이다. 사람의 DNA 중의 약 99%는 세포의 핵 속에 들어있는 핵 DNA이다. 나머지 1%가 미토콘드리아 DNA이다.

세포소기관의 특징과 기능을 설명할 필요가 있을 것 같아 대충 나열해본다. 세포소기관을 가족 제도에 비유하는 방식이 딱히 부합되는 상징은 아니겠지만 혹 이런 방식이 이해를 도울까 해서다.

핵 : 세포의 구조와 기능을 결정하고 형질의 발현과 유전 현상에 관여한다. (마치 아버지처럼 가족의 우두머리로서 한 가족의 구조적 형상과 모든 이어감을 맡는다)

미토콘드리아 : 영양소를 분해함으로써 ATP를 만드는 세포 호흡을 담당한다. (마치 어머니처럼 실제적으로 가족들의 실생활을 가능케 한다)

　리보솜 : 핵에서 나오는 유전 정보에 따라 단백질을 합성한다. (마치 아이처럼 아버지의 지시에 따라 구체적인 생명 활동을 한다)

　소포체 : 세포 내 물질 이동통로 역할이나 미세 구조물을 고정시키는 일을 한다. (사람들의 집처럼 세포들이 살아가도록 구조를 마련해준다)

　골지체 : 단백질을 포장하여 세포를 다른 위치로 운반하거나 세포 밖으로 분비한다. (세포들도 생명을 유지하려면 밥을 먹어야 하므로 경제활동이 필요하다)

　이런 상상 연결을 하게 된 까닭은 미토콘드리아가 생명활동에 필요한 에너지를 공급하는 역할을 가진다는 말이 의미심장하게 들렸기 때문이다.

　어떤 문화를 불문하고 '어머니'라는 말은 공통적이다. 인간 심리에 공통분모이다. 과거에도 현대에도 미래에도 그럴 수밖에 없으리라. 누구나 어머니 몸에서 태어났고 양육되었고 보살핌의 경험이 있으니까. 핵의 유전자와는 달리 미토콘드리아의 유전자는 모계유전이라는 점과 미토콘드리아의 역할과 실제로 지상에서의 여성의 역할이 중복되고 있는 것 같아서, 위와 같은 연결을 시도해본 것이다.

　그러면 다시 인간의 몸으로 돌아가 보자.

모든 생명체는 세포로 이루어져 있다. 하나의 세포는 가장 기본적인 생명 단위이다. 근데 그 세포는 나무의 세포이거나 동물의 세포이거나 인간의 세포이거나 근본적으로 차이가 없다.

우리 몸에는 약 100조 개 세포가 있다. 그리고 두뇌에는 약 1000억 개의 신경세포인 뉴런이 있다. 우연하게도 우주엔 100조 가량의 별들이 있고, 우리 은하(Milky Way)에는 무려 1000억 개의 별이 있다.

단순한 숫자의 일치이겠지만, 은하수 별들의 수와 인간 뇌의 뉴런들의 수의 일치가 의미하는 바에 대해서는 상상이 더 유익할 듯 싶다. 우리 몸은 그런 식으로 우주와 깊이 상통하고 있다고 알면 족하리라.

이런 연결성을 제쳐놓고 과거를 돌아봐도, 태양에서 지구가 생겨났고, 지구에서 우리 몸이 태어났다. 달과 지구를 포함한 나머지 행성들은 태양의 유기적인 부분들이므로 식물에서부터 인간에 이르기까지 태양의 에너지가 흐르고 있는 것은 당연하다. 같은 근원에서 태어난 것들은 일종의 내적 체험을 공유할 수밖에 없으니까.

의식하고 있지 않을 수도 있고 느끼지 못할 수도 있지만, 태양에 일어나는 일은 우리 몸의 모든 세포에 진동을 일으킨다. 태양은 아주 멀리 떨어져 있는 것처럼 보이지만 실은 그렇게 멀리 있지 않다. 우리 피의 모든 요소와 뼈의 모든 입자 속에서도 태양을 구성하는 원소들이 있다. 우리 삶이 태양의 영향을 받는 것이 그리 놀랄 일도 아니다.

우주와 우리 몸이 별개가 아니다. 우리도 우주에서 벌어지는 엄청난 변화에 참가하고 있다.

백년도 채 넘기지 못하고 소멸하는 한 인간 속에 우주의 역사가 담겨져 있다는 것, 이런 인식과 체험이야말로 과학이 진정으로 원하는 나침반이고 또한 예술이 궁극적으로 지향하는 바가 아닐까.

불꽃놀이, 그와 그녀

불꽃놀이를 보며 아름답게 느끼지만 그것은 사실 전자들이 서로 부딪혀 충돌하고 흥분하는 모습이다.

불꽃놀이에 사용되는 금속염이 화약의 폭발에 의해 전자가 궤도함수 내에서 교란되는 지점까지 가열되다가 다시 안정된 상태로 돌아가려 할 때, 빛의 형태로 방출하는 미시세계의 법칙을 목격하고 있는 것이다.

불꽃놀이를 하려면 여러 원소들을 함께 조합해야 한다. 원소마다다 다른 색깔이 나오기 때문이다. 불꽃놀이는 제일 먼저 sodium 원자가 도, 미, 솔, 화음을 내면 cooper 원자는 도, 파, 라, 화음을 내고, 또 strontium 원자가 솔, 시, 레, 하면서 전자들이 합창을 한다.

그러니까 원소들이 어떤 방식으로 충돌하고 어떻게 섞이고 화합하느냐에 따라 결과가 다르다. 빛의 찬란함과 색의 아름다움이 달라진다. 전자들의 부딪치고 화합하는 모습을 불꽃놀이라고 명명하고 있지만 실상은 인간관계도 다르지 않다.

불꽃놀이는 빵을 만드는 방식과도 다를 바가 없다. 어떤 재료를 어떤 분량으로 섞으며, 어떤 방식으로 젓고, 어떤 온도로 굽느냐에 따라 다양한 빵이 만들어지는 것이다.

허나 어디 불꽃놀이나 빵만 그러한가?

언어도 비슷하다.

자음 한 가지만 가지고는 소리를 못 낸다. ㅋㅋ 거리기만 한다. 자음은 모음을 통해서 소리가 되는 것이다. 글에 있어서도 자음만 가지고는 내용이 해독되지 않는다.

여기서도 자음과 모음의 비율이 언어의 차이를 만든다. 러시아 언어는 모음에 비해 자음이 두 배인데 그래서 아름답지만 자음끼리 부딪히다보니 스크, 츠크, 같은 소리가 나고 혀와 이빨의 부딪힘이 크다. 반면에 동남아시아의 언어들은 모음이 자음보다 많다. 그들의 언어는 부딪힘이 적어 말들이 솜털들이 날리듯이 보드랍고 가볍고 잉잉거린다.

그러면 불꽃놀이나 빵의 조리법이나 말소리만 그러한가?

그럴 리가 없다. 현실 세계의 재료가 되는 모든 물질이 그렇다.

세상에 일어나는 화학현상은 분자의 세계로 내려가서 생각하면 명쾌한 답이 나온다. 왜냐하면 진짜는 거기서 일어나기 때문이다.

근본적으로 원자들이 단단하게 결합되어 있으면 고체이고, 느슨하게 결합되어 있으면 액체이고, 서로 멀리 떨어져 있으면 기체이다. 원자의 결합 형태에 따라 인간의 눈에 그렇게 보이는 것이고 이러한 상태를 만들 수 있는 것은 '온도'이다.

여기서 인간의 감각을 논할 수 있다. 우리가 '본다'는 현상도 빛이 들어와 눈 속에 있는 분자의 형태를 바꾸어 세포에 전기를 일으키게 되고, 그것이 뇌에 전달되어 '본다'는 경험을 하게 되는 것이다. 냄새도 역시 마찬가지다.

'냄새 맡는다'는 현상은 냄새를 내는 분자들이 인간 코에 있는 분자와 작용해서 세포의 전기를 일으켜 뇌에 전달된다. 전달된 전기는 우리의 기억 속에 있는 냄새와 일치시켜 냄새를 인식하게 되는 것이다.

'듣는다'는 것도 고막을 진동시켜 그 진동이 인간의 귀에 있는 세포에 진동을 일으켜서 전기로, 뇌로, 우리 기억의 창고로 가서 기억과 일치시켜 듣는다는 경험을 하는 것이다.

감각기관이라는 것도 근간을 이루는 지점으로 내려가면 원자, 분자의 격렬한 행위로 볼 수 있다. 그러나 원자 분자의 행동은 우리가 아는 세상과는 다른 행동 규범을 가지고 있다.

분자가 커지든 복잡해지든 간에 분자는 결합을 통해서 다른 분자와 상호작용을 한다. 더 적확하게 말하자면 서로 가까이 있는 원자 속에 들어 있는 전자의 상호작용에 의존하는 것이다. 원소들이 붙었다 떨어졌다를 주관하는 것은 에너지의 투입이지만 그들의 결합을 가능하게 하는 것은 전자들이다.

주기율표가 바로 그런 세계의 지도이다. 원소라는 이름으로 불리는 대략 백 개 정도가 다양한 불꽃놀이를 하며 끊임없이 무수한 물질들을 만들어내서 이루어진 게 바로 우리의 세계인 것이다.

「전자」

너무나도 먼 당신!

당신에게 편지를 씁니다. 언제 도착할지 모르겠습니다.

정말 알 수 없어요, 늘 어딘가 돌아다니고 있으니

당신은 정말 예측불허! 좀 전엔 대구에 있더니 어느새 부산에

참, 당신의 존재는 알 수 없는 미궁입니다.

당신은 증말 말썽쟁이!

다른 전자들과 부딪치거나 충돌하다가도 맘 내키면 화합도 잘 하세요.

도대체 손을 몇 개나 가지고 있나요? 자꾸 일만 벌이시고

각각 다른 성질의 일들을 한꺼번에 다루고 있으니

허나 당신은 신비스런 불꽃

불꽃놀이 그 빛들은 당신이 추는 춤이니
참으로 아름다워요

근데 그 빛처럼 당신 마음도 두 겹이 아닐까 두렵습니다.
바다의 파도처럼 출렁거리다 순식간에 눈송이처럼 얼어버리시니
파동인가요? 입자이신가요?
아으, 전자 당신은 영원한 방랑자!
— 원자핵 올림

이 편지는 전자의 성질을 드라마화 한 것이다. 전자는 마치 변덕스런 연인처럼 어떤 핵과 사랑을 하다가도 더 매력적인 상대를 찾으면 도망가 버린다. 근처에 더 좋은 대안이 없다면 남아 있지만, 좋은 상대가 나타나면 전자는 떠나버린다. 마치 남자라는 종(種)처럼.

실제로 관찰자는 전자의 위치를 정확히 밝혀낼 수 없다. 정확히 알려고 하면 할수록 전자는 움직여서 관찰의 행위를 미궁에 빠지게 한다. 다른 설명을 덧붙이자면, 정보를 얻는다는 것은 에너지를 보내야 얻을 수 있는데, 관찰한다는 에너지 자체가 전자를 움직이게 하기 때문이다.

이것을 하이젠베르크의 「불확정성 원리」라고 한다.

즉, '전자의 위치를 더 정확히 측정하면 할수록 측정하는 순간의 운동량은 정확히 알 수 없으며, 전자의 운동량을 정확히 측정하면 할

수록 그 순간의 전자의 위치는 정확히 알 수 없게 된다.'

여기까지가 현대과학이 알아낸 지점이다. 물론 앞으로 더 펼쳐질 것을 기대하지만, 현재의 과학은 이 불확정성이란 진퇴양난 속에 놓여 있다.

수소 원자의 경우를 예를 들어보자.

전자의 운동량과 위치의 관계를 규정하는 원리는 이러하다. 전자가 양성자에 가까이 오면 운동량이 커지게 되어 전자는 어쩔 수 없이 양성자에서 멀리 갈 수밖에 없다. 그러나 막상 멀리 가면 전자기력으로 인해 다시 양성자에게 끌려 들어오게 되는데, 그로 인해 수소 원자는 적정한 크기를 가지게 된다. 양성자와 전자가 만나서 중화되지 않고 수소 원자로 존재하는 까닭은 이런 역학 때문이다.

다르게 말하자면, 너무 가까워질 수도 없고 너무 멀어질 수도 없는 상황에서 궤도가 생기게 된다는 것이다. 그러나 그 궤도는 여러 가지가 있을 수 있으며, 궤도마다 에너지가 다르다. 양성자에서 가까우면 낮은 에너지 궤도이고, 양성자에서 멀리 있으면 높은 에너지 궤도이다. 양성자와 전자가 서로 멀리 있으면 에너지가 더 높다? 이 부분도 남녀관계가 연상되지만 생략하고.

높은 에너지 상태에서 낮은 에너지로 이동할 때, 그 여분의 에너지가 빛으로 표출되어 나오는데, 이것이 바로 불꽃놀이의 원리이다. 전자가 흥분했다가 가라앉은 과정에서 나오는 빛의 놀음이.

전자의 운동을 계산하는 양자역학은 고전역학과는 완전히 다르다.

전자가 가질 수 있는 에너지는 연속적이지 않고 불연속적이기 때문이다.

한편, 원자의 속은 거의 텅텅 비어 있다.

원자핵의 크기는 각각 다르지만 원자핵과 원자의 크기는 대략 10만배 정도의 차이가 난다.

예를 들어 우라늄의 경우, 원자핵이 반경 2cm 탁구공이라면 우라늄 원자의 크기는 반경 2킬로미터의 운동장이라고 상상해볼 수 있다. 원자핵의 크기는 작지만 원자의 질량 중 거의 대부분을 차지한다. 그렇게 거대한 질량이 작은 부피 안에 채워져 있으므로 핵 안에 갇혀 있는 에너지는 상상을 초월할 정도이다. 이런 이유 때문에 원자핵에 변화를 일으켜 그 에너지를 이용하는 원자 폭탄이 일반적인 화학폭발물보다 훨씬 파괴력이 큰 것이다.

무게를 결정하는 것은 원자핵이고, 원자의 크기를 결정하는 것은 전자이다.

원소들이 여러 성질로 나뉘는 근원도 전자에 있다. 양성자의 개수(그러므로 전자의 개수)에 따라 원소가 달라진다. 남자가 가지고 있는 성씨로 인해서 씨족의 기질과 특성이 달라진다고나 할까. 원자들이 다양한 형태로 결합함으로써 분자를 이루고 물질이 되는 것은 마치 개인들이 모여 가족과 마을을 이루고 하나의 국가가 만들어지는 것과 같다.

그러니까 순서는 전자, 양자, 중성자가 삼위일체로 가족을 이루어

원자가 형성되고, 그 원자들이 모여 분자를, 그 분자들이 모여 고분자로, 다양한 고분자들에서 생명체라는 공동체로 움직인다.

그래서 주기율표는 양성자(전자)의 수에 따라 원소를 족(族)으로 나누어 놓았다. 가족제도의 족(族)이란 어휘를 쓰고 있다.

전자가 2개가 있으면 헬륨, 전자가 8개 있으면 산소라고 부르는데, 전자가 한개 더 생겨날 때마다 원자핵 안에 있는 양성자와 중성자의 수도 늘어난다. 남자의 숫자만큼의 여자가 필요한 이치라고 상상할 수 있겠다. 현재까지 알려진 원소의 종류는 대략 백가지나 있다. 인간이 인공적으로 만들어놓은 것을 포함해서.

원자 속에서 궤도 운동을 하고 그들 사이를 회전하면서 화학적, 생물학적 다양성을 이끌어내는 주체도 전자이다. 화학 결합을 가능하게 하는 큰 법칙 중의 하나는 가장 바깥 궤도에 돌고 있는 전자의 개수이다.

안쪽에 있는 전자는 안정되었기 때문에 화학결합의 필요성을 못 느끼지만, 바깥쪽을 떠도는 전자는 안정세를 위해서 결합을 갈망한다. 그러므로 바깥쪽의 전자 개수가 8개가 되면 결합은 안정적이 된다.

원소들도 기질이 인간의 유형처럼 가지각색이다.

전자를 받기만 하는 것도 있고 주기만 하는 것도 있다. 사랑도 주는 사람이 있고 받기만을 원하는 사람이 있듯이 원자들의 행동도 그러하다. 소금이 그런 경우이다. 소금은 $NaCl$ 인데, Na는 전자를 주고 Cl은 전자를 받는다.

이유는 Na는 원소 1족에 속하고 Cl은 17족에 속하기 때문이다. 논리적인 바탕을 이루고 있지만 왠지 궁합 같다.

같은 논리로 2족과 16족이 잘 결합하고, 3족과 15족이 잘 결합한다. 그래야 안정성을 가진 8개의 전자를 가지기 때문이다.

또한 18족 원소들은 '외톨이'들이다. 헬륨, 아르곤, 네온들은 단원자 분자라고 하는데, 그들은 고독한 독불장군이기에 다른 사람들과 화합하기를 꺼려하는 인간형처럼 18족 원소들은 혼자 있기를 좋아한다. 예술가들이 이 유형이 아닐까, 싶다.

14족 원소에는 탄소 carbon, 실리콘 silicon 등이 있다.

이들은 바깥 궤도에 4개의 전자를 가지고 있어서 다른 원소들에게 전자를 줄 수도 있고 받을 수도 있다. 주고 받는 면에서 공평하기도 하고 유연하다. 많은 원소들과 화합을 잘 한다. 심지어는 자기네들끼리도 붙는다.

탄소는 다른 원소들과 관계가 유연하고 다양한 방식으로 잘 어울리기 때문에 행동 범위도 엄청 크다. 팔방미인이나 재주가 많은 르네상스맨으로 이해하면 될 것 같다.

이러한 성질 때문에 탄소는 생명의 기초가 된다. 탄소는 고분자 고리를 다양하게 하여 아미노산도 만들고 식물의 셀룰로이드도 만든다. 탄소 자기네들끼리 붙을 때도 결합 방식이 다양하다. 자연에 존재하는 92개의 원소 중 탄소만이 생명 원소의 중추 역할을 한다. 물론 혼자서만 아니라, 수소, 산소, 질소, 또는 유황이나 인과 함께 수백만

종의 분자를 만들어냈다.

14족 원소에 속하는 실리콘 또한 독특하다.

전자 4개인 실리콘은 산소와 짝 달라붙어서 이산화규소인 모래가 된다. 다만 다양한 구조를 가질 수 없는 실리콘은 생명의 초석이 될 수가 없다. 이것이 탄소와는 다른 점이다.

지구상의 가장 풍부한 물질인 모래를 정제해서 순수 실리콘으로 만든 다음에 약간의 불순물을 섞으면 반도체가 된다. 실리콘은 반도체 형태로 인공지능과 모든 컴퓨터 부품의 기초가 되고 있다. 이것이 21세기의 문명을 만들어 낸 것이다. 디지털 문명이라고 부르고 있는데, 지금 우리는 그 초기의 입구에 서 있다.

어떻게 원숭이가?

아르헨티나 작가 루고네스의 소설 『이수르』에서 원숭이에게 말을 가르치고자 하는 과학자가 주인공으로 등장한다. 그의 논리적 전제는 이러하다.

인간과 원숭이는 같다. 원숭이는 더 이상 말을 하지 않게 된 인간이다. 이것이 그의 주장이다. 과학자는 인간이 일을 시킬까봐 원숭이들이 일부러 말을 하지 않는다고 굳게 믿고 있다. 그는 있는 힘을 다해서 이수르 라는 이름의 원숭이에게 말을 가르치려고 한다. 그러나 과학자의 강압에도 불구하고 이수르는 끝내 말하기를 거부한 채 죽어간다. 비록 원숭이일망정 자유를 불사한다는 비극적 결말을 가진 이야기이다.

그렇다, 틀린 전제는 아니다. 침팬지가 인류의 사촌인 게 분명하다.

지금은 비록 개체수가 대충 15만 마리밖에 남지 않았다지만, 7만 년 전에 호모사피엔스가 수천 개체로 줄어들어 멸종위기 였다는 사실에 비하면 그래도 침팬지 종의 미래는 아직까지는 미지수에 속한다.

인간이 동물을 제압하고 문명으로 도약할 수 있었던 계기는 불의 사용에 근거하고 있다고 한다. 음식을 불에다 익혀 먹을 수 있게 됨으로서 내장은 작아지고 두뇌는 커지고 그로 말미암아 신체구조의 변화를 가져오게 되었으며 점차 인간은 다른 종으로 진화될 수 있었다는 관점이다.

컴퓨터의 용량처럼 인간 뇌라는 그릇이 커지고 복잡해지면서 자연스레 새로운 것들을 담을 수 있는 여력이 생기게 된 것이다. 뇌가 커짐에 따라 하드웨어에 혁신이 생겼고, 하드웨어의 변환은 소프트웨어 혁신을 유발해서, 원숭이와는 다른 존재가 되었다는 결론이다.

만화가들이 아이디어를 떠올리는 장면엔 전구가 반짝 켜지는 그림을 그린다. 그게 그저 괜히 그려댄 게 아니었다. 여기에 어떤 진실이 숨어 있었다.

인간 뇌가 작동하려면 소비하는 전기는 20 와트이다. 원숭이는 에너지의 10%를 뇌에 사용하는데 비해 사람은 그것의 2배인 20%를 사용한다. 뇌에 쓰는 에너지가 온몸에 쓰는 에너지 양의 5분의 1이란 비율이 시사하는 바는 인간의 고유성은 상당히 많은 부분의 에너지를 뇌의 사용하는 점에 있다고 볼 수 있다.

문명의 진보에도 인간 뇌의 공로가 막대했다는 사실을 부정할 수 없다. 따라서 불을 사용해 익힌 음식을 먹음으로써 소화에 사용되었던 에너지를 뇌에다 집중적으로 활용하게 되면서 원숭이보다 도약하게 되었다는 이론이 성립된다.

　물론 다른 이론도 있다. 인류고고학의 관점에서 보면, 호모 사피엔스가 호모 네안데르탈인을 이긴 이유는 주로 소리를 더 정교하게 만들 수 있었던 성대(聲帶)라고 밝혀지기도 했다.

　또 호모 사피엔스는 집단 구성인도 많았고 사냥 기술도 뛰어났기 때문이기도 하다. 결국 호모 집단들, 호모 하이델베르겐시스, 호모 네안데르탈렌시스, 호모 사피엔스 사이에 종의 분화가 일어나는 경향이 뚜렷이 존재했던 모양이다. 그러나 그건 주로 서로 간의 관계에 근거한 것이다. 진화의 관점에서 보면 어떻게 자연과 대립하고, 타협하고, 적응하는가에 따라 종의 분화와 생존이 결정되었다는 초점이다.

　어쨌든 현대과학에서는 인류의 도약을 불의 사용이라고 본다. 초기 인류는 불에다 익혀서 먹는 새로운 테크놀로지를 습득하게 되었고, 그것으로 말미암아 내장은 작아지고 두뇌가 커지게 되었다는 것이다.

　구조는 내용과 소통한다.

　구조와 내용의 역학관계는 모든 분야에 걸친 공식이다. 인터넷과 스마트폰 등의 새 테크놀로지가 현대인의 시공간에 무소불위의 영향을 발휘하고, 시대와 문명을 바꾸어놓고 있듯이, 불을 사용하는 테크놀로지가 원숭이의 내용을 바꾸어 놓게 되었던 것이다.

그렇다면 인간에게 불을 가져다주었다는 프로메테우스 신화는 단지 재밌는 이야기에 불과한 것이 아니었다. 불의 사용으로 인간이 도약하게 되었다는 이야기에는 이와 같은 과학적 진리도 포함하고 있었던 것이다. 상상력을 기반으로 한 신화와 실증적 검증을 요하는 과학이 서로 상통하고 있다는 사실이 놀랍게 다가온다.

물론 신화의 초점은 과학의 초점과는 다르다.

신화는 프로메테우스가 인간에게 불을 가져다주었던 대가로 코카시스 산에 묶여 독수리에게 간을 파 먹히는 고통과 수난을 받는 영웅이미지에 초점이 있지만 과학은 사실 내지는 진리에 중점을 두고 있다. 즉, 실증적 검증을 요하는 과학의 눈은 어떻게 해서 불이 인류를 탄생시킬 수 있었는지에 초점을 둔다. 어떤 관점으로 보던 간에, 인간을 만물의 영장으로 이끄는 불의 엄청난 공덕을 무시할 수 없는 일이다.

참, 21세기를 사는 현대인에게 전기를 가져다 준 놀라운 영웅이 또 있다. 그의 이름은 마이클 패러데이(Michael Faraday, 1791~1867)이다. 그가 바로 우리시대의 암흑을 없앤 프로메테우스였다!

중력만이 아니라 인간에게 영향을 주는 힘이 있는데 그것들은 전기력과 자기력이었다. 패러데이는 전자기력이란 힘이 어떻게 관련되어 있는지를 깊이 생각했다. 어떻게 사용할 수 있는지도 연구했다. 그래서 그는 최초의 전기발전기를 조립하게 되었다. 그때 사람들은 그에게 그런 괴물 같은 거대한 장비가 왜 필요하냐고 힐난하며 물었다. 패러데이는 이렇게 대답했다고 전해진다.

"대체 이것을 어디다 써 먹을 수 있습니까?"

"이것이 많은 세금을 걷게 해 줄 겁니다. 언젠가 당신은 이것을 조종할 수 있게 되고요."

21세기에 사는 우리는 전기를 조종할 뿐만 아니라 삶 전체가 가느다란 전깃줄에 대롱대롱 매달려 살아가는 형국이 되어버렸다. 만약 서울 같은 대도시에 하루만 정전이 된다면, 아니 한 시간만이라도 전기를 사용하지 못하게 된다면 얼마나 혼란스러울지 불 보듯 뻔하다. 그러나 패러데이가 살았던 당시에는 아마도 이런 일을 상상조차 할 수 없었을 것이다.

세계를 뒤집어놓은 사람들과 책

현미경과 망원경은 시각의 확장이고
책은 기억의 확장이며 상상력의 확장이다.

코페르니쿠스, 갈릴레오, 뉴턴, 전기를 발견한 패러데이, 주기율표
를 만들어낸 멘델레프, 포앙카레의 우주의 모양에 대한 가설을 증명
한 페렐만.

그들 이름을 부르는 것만으로도 가슴의 떨림이 찾아온다. 이런 말
이 거창한 듯이 들릴지 모르겠지만 그들은 진리를 추구하던 진인이었
다. 무엇보다도 그들은 인류의 삶을 바꾸었다. 어떤 혁명가들보다도
사회의 구조를 완전히 뒤집어놓았다. 예언자만큼 획기적이었고 사상
가 못지않게 영향력이 막강했다. 또한 종교적 창시자들처럼 진리의
등불을 들었으며 그들의 삶은 헌신적이었고, 그들의 죽음은 순교자들
처럼 비극적이었다.

소크라테스나 예수를 언급하지 않더라도

브루노는 혀가 뽑힌 채 화형을 당했고

코페르니쿠스는 죽음에 임박해서 책이 출판되었으나 220년이나

금서목록에 있었으며

갈릴레오는 간신히 종교심판은 면했지만 자택감금 당하던 중에 죽

었으며

피타고라스는 그의 이백 명 제자들이 모두 몰살당했고

최초의 컴퓨터 발명자인 앨런 튜링은 독사과를 먹어야만 했고

갈루아는 미친 결투로 인해 21살이 되기도 전에 요절했다.

뉴턴조차도 독신으로 살았던 선택으로 의심을 샀으며

패러데이는 수학엔 젬병이며 출신이 비천하다고 경멸을 당했으며

대륙이동설의 베게너는 지리학계에서 문외한이라고 비난과 매도를

당했고

볼트만은 아무도 자신의 이론을 믿지 않아서 자살해버렸다.

아, 이 아름다운 지구는 어떤 무대인가

그들은 오해와 곡해와 멸시와 질시의 세계에 살다가

대중의 무지와 폭력과 질시로 인해 살해되었으니

멘델레프는 화를 잘 내는 미친놈이라는 별명으로 불리었고

스탈린에게 도전한 유전학의 선구자인 바빌로프는 감옥에서 죽음

을 맞아야 했고

유전도약이론의 외톨이 바바라 맥클린톡은 미친 여자라고 오해받았고

번개를 연구하다가 번개에 맞고 즉사한 리히만을 조심성이 없다고 비웃음을 당했다

괴델은 편집증과 거식증으로 결국 스스로 파멸했으며

칸토어는 이십여 년 정신병원을 들락거리다 끝내 그곳에서 죽었다.

그들은 무한을 훔쳐본 자—

바위에 묶인 프로메테우스였다.

재앙을 피해간 운 좋은 과학자도 있었다. 그러나 아주 소수였다…….

그들의 고난은 얼마나 끔찍했을까 생각만 해도 끔찍하다. 이제 지구가 돌고 있다는 건 누구나 다 안다. 비록 일상에서 지구가 돌고 있다는 걸 지각하지는 못하지만 누구나 자연스럽게 믿고 있다. 오히려 천동설을 믿는다면 원시인이라고 놀림을 당하리라. 사실상 태양이 돌든지 지구가 돌든지 우리 삶에서 중요한 이슈도 아니다. 그러나 이것 때문에 생의 전부를 걸었던 사람들이 있었다.

얼핏 생각하면 자기가 굳게 믿는 진리를 위해서 목숨을 바쳐야 하는 사람들은 종교인들이어야 할 것 같은데, 엉뚱하게도 과학자들이

고난과 박해를 겪었다. 혹시 언젠가 역으로 과학과 종교가 서로 역할을 바꿀지도?

그들이 존재했던 시간이 그다지 먼 시대도 아니다. 크게 보면 동시대일 수도 있다. 얼마 전(1992년) 로마 교황청은 갈릴레이가 주장했던 지동설이 옳았던 것 같다고 인정했다. 그들이 자신들의 무지와 실수를 인정하는 데 자그마치 359년이나 걸렸지만.

모든 것은 쉽게 사라지지 않는다. 몇몇이 목숨을 걸고 주장한 덕분으로 우주시대를 열었고, 그때의 진리를 지금 시대가 유용하게 쓰고 있다. 직설적으로 말하자면 죽음을 각오하고 진리의 등불을 든 선구자들의 공덕으로 전기를 쓰고 인터넷도 하고 스마트폰으로 대화를 나누고 있는 것이다.

시대마다 진리를 추구하는 자를 몰아가는 형국이 다르다. 시대마다 금기가 있고 대다수가 추구하는 가치가 딱딱한 돌덩이처럼 존재한다. 그러기에 돌덩이처럼 완고한 고정관념을 흔들거나 뒤집거나 무너뜨리려는 자를 시대는 용서하지 못하는 법이다. 우리는 그토록 굳어져 있다. 진리의 속성이 우리로 하여금 굳건히 믿고 있는 기반을 무너뜨리기 때문이기도 할 것이다.

역사는 반복된다. 오직 모습만, 구조와 양태의 겉옷만 바뀐다. 그러므로 위의 사건들이 오래된 일이며 해결되었다고 착각하지 말자. 응, 그거, 하고 넘어가지 말자. 미래에도 짓궂은 악동들이 없지 않을 테니까. 이미 일어났던 일은 지금도 여전히 우리 호흡 속에 살아 있으니까.

한편 세상에는 천사들만큼 위대한 책들이 있다. 훈민정음이 그 중의 하나이고, 코페르니쿠스의 『천체의 회전에 관하여』 또한 그런 책이다.

이 책들은 숨쉬는 생명처럼 살아 있다. 그리고 영원하다. 아마도 그것이 담고 있는 무게와 크기 때문이리라.

코페르니쿠스는 제자 레티쿠스의 설득에 못 이겨 『천체의 회전에 관하여』를 출판하는 것을 허락했다. 1542년 말경에 코페르니쿠스는 중풍과 마비증에 걸렸고, 1543년 5월 24일 그의 책 견본을 받아본 후 그날 숨을 거두어 프라우에부르크 대성당에 묻혔다.

그 후 이 책은 마치 살아 있는 생명체처럼 우여곡절을 걸쳐 출판이 거듭된다. 그러는 과정에서 젊은 과학도들에게 신선한 영감을 일으키고 새로운 세계를 펼쳐주기도 하다가 종교 권력자들로 인해 마침내 금서라는 죄목으로 이 백여 년이나 감옥살이도 한다. 1616년에는 '수정될 때까지'라는 단서가 달린 채 금서 목록으로 들어가는데, 1835년에 와서야 이 책은 갈릴레오의 『세계의 두 체계에 관한 대화』와 함께 풀려나게 된다.

실제로 코페르니쿠스는 서문에서 이 책의 운명에 관해 예언까지 했다. 그는 교황 파울루스 3세에게 헌정을 하며 매우 조심스럽고 또 조심스럽게 보호해주기를 요청하는 글을 썼다. 그의 편지는 이렇게 시작한다.

"……교황 성하, 어떤 운동들은 지구의 운동에서 기인한다는 천구의 회전에 관해 제가 쓴 책에 대해 사람들은 곧바로 언성을 높이고 야유를 보내며 저를 쫓아내려 할 것임을 쉽게 상상할 수 있습니다.

……지구 운동에 관한 제 이론이 지금 대부분 사람들에겐 괴이한 것으로 보여 논쟁이 커지겠지만, 책이 출판되어 그 안에 담긴 명백한 증거들이 불합리의 안개를 몰아내면 그만큼 감탄과 감사를 받을 겁니다.

……제가 오랫동안 숙고한 결과 저 역시 지구가 움직인다는 생각을 했습니다. 물론 이 생각은 불합리해보입니다. 그러나 선배 학자들은 자유로이 상상할 권리가 있음을 알고 있었습니다.

……제가 당당하게 평가에 임하려 한다는 사실을 배운 자나 배우지 못한 자들 모두가 알 수 있도록 누구보다도 교황 성하께 그동안 연구 결과를 헌정하고자 합니다.

……천문학에 관해 아무것도 모르면서 함부로 천문학을 판단하려는 떠버리들이 있을 겁니다. 그들은 자신들의 목적을 위해 성서 구절을 악의적으로 왜곡하려는 자들로 제 성취를 헐뜯고 비난하려 할 것입니다."

코페르니쿠스는 헌정문 끝에 책을 위한 마지막 보호벽 하나를 더 세워 놓았다. 그 문장은, 천문학은 천문학자를 위해 쓰인 것입니다, 라고 단언하고 있는 듯하지만 책의 화형을 피해보려는 마음이 실려 있던 것 같다.

이 책이 출간되기 바로 1년 전에 로마 종교재판소를 설립했던 교황은 마지못해 『천체의 회전에 관하여』 증정본 한 권을 받았다.

코페르니쿠스 지동설은 훗날 케플러가 행성의 타원운동을 체계화하여 보완되었고, 갈릴레오는 더욱 정밀한 관측으로 지동설을 뒷받침했으며, 뉴턴에 와서야 비로소 만유인력의 법칙으로 인해 지동설을 정설로 받아들이게 되었다. 위대한 이어짐이다.

만일 무슨 까닭이었는지는 모르지만 결과적으로 레티쿠스가 코페르니쿠스의 책을 출간하지 않았더라면, 또 만일 헬리가 뉴턴에게 타원의 궤도에 대해 물어보지 않았더라면, 위대한 두 영혼은 진리의 성전에서 침묵을 하고 그냥 가버렸을 것이고, 그러면 인류는 암흑에서 여전히 헤맸을 텐데……, 다행 중의 다행이다.

불현듯 백석의 시 「흰 바람벽이 있어」 시구가 떠오른다.

"하늘이 이 세상을 내일 적에 그가 가장 귀해하고 사랑하는 것들은 모두
가난하고 외롭고 높고 쓸쓸하니 그리고 언제나
넘치는 사랑과 슬픔 속에 살도록 만드신 것이다
초생달과 바구지꽃과 짝새와 당나귀가 그러하듯이
그리고 또 프란시스 잼과 도연명과 라이너 마리아 릴케가 그러하듯이"

백석의 시는 그렇게 끝난다.

하지만 나는 그 다음 줄에 '코페르니쿠스와 갈릴레오와 뉴턴과 페렐만도 그러하듯이'라는 문장을 덧붙이고 싶다.

5장 신비한 언어, 수

수들의 향연

수학은 자연의 언어이고 패턴의 언어이다

수의 패턴이 산술학이고

모양의 패턴이 기하학이고

운동의 패턴이 미분과 적분이고

우연적인 사건의 반복 패턴이 확률이다

추론의 패턴이 논리학이며

위치의 패턴은 위상학으로 본다

— 수학자 Keith Devlin

우리 집 꽃밭의 꽃들은 대개 홀꽃이고 꽃잎 수가 다섯 장이었다. 왜 하필이면 다섯일까, 의아스러웠다. 슬며시 남의 집 꽃밭을 돌아다녀 보니 꽃잎 수는 다양했다. 아침에 피는 나팔꽃이나 카라꽃은 1장, 백합과 붓꽃은 3장, 무궁화와 채송화와 동백은 5장, 코스모스와 모란은 8장, 금잔화는 13장, 과꽃은 21장, 데이지는 34장, 망초꽃은 55장,

다알리아는 89장이었다.

꽃잎들은 피보나치의 수열대로 피어나고 있었던 거였다. 1, 1, $1+1=2$, $1+2=3$, $2+3=5$, $3+5=8$, $5+8=13$, $8+13=21$, $13+21=34$, $21+34=55$, $34+55=89$, $55+89=144$…… 이렇게 꽃잎 수가 이어져간다.

그런데 꽃잎만 수학적인 것은 아니다. 우리도 수로 이루어진 세계에 산다.

수는 우리 일상생활에 깊게 버무려져 있다. 우리가 누구인가를 증명해주는 것도 숫자이다. 주민등록증이나 운전면허증으로 증명되는 정체성도 숫자로 통용되고 있으며, 사무실과 글쓰기에 필수품인 2진법으로 이루어진 컴퓨터와 스마트폰, 기하학을 이용해서 지어진 아파트, 화폐를 다루는 은행까지 우리는 수에 기대어 살고 있다.

뿐만이 아니다. 자연과 결합되어 있는 수를 관찰함으로서 우리는 세상을 만드는 패턴을 인식할 수 있다.

예를 들면 성장이나 운동을 나타내는 자연의 패턴은 기하학적 원형과 일치하는데, 꽃잎이 다섯 장인 꽃들, 팔이 다섯 개인 불가사리 등 오각형은 많은 생명체의 원형으로 자리 잡고 있다. 눈송이, 다이아몬드, 수정, 벌집 등의 육각형은 무생물의 자연계 패턴에서 볼 수 있다. 또 행성이나 인간 눈동자나 오렌지 같은 과일은 원의 형태로 자연에 있다.

1에서 10까지 숫자와, 원, 삼각형, 사각형처럼 그 수를 나타내는 모양들은 일관성 있고 이해 가능한 언어이다. 우리는 이를 통해서 자연의 구조와 우주의 과정을 알 수 있으며, 인간 본성에 관한 통찰도 얻을 수 있다. 주역, 명리학, 점성학의 뿌리도 사실은 수에 밀접하게 연결되어 있는 고대학문이다. 표면적으로 행성의 움직임과의 연결이나, 사주 글짜로 표현되고 흘러왔지만 그것의 알맹이는 수에 근거가 있다.

따라서 수는 저마다 개성을 가지고 있으며, 광대무변한 우주라는 무대에서 각각의 수는 맡은 바가 있다. 그 역할은 하나라기보다는 복잡하고 다양하다. 우리를 둘러싸고 있는 지구 환경이나 우리 자신의 몸과 내면에도 적용된다.

한편 수는 그것이 유래한 기하학적 모형과 불가분의 관계이다. 그러니까 형태는 내용을 이미 내재적으로 품고 있는 것이다.

플라톤이 '이데아'를 언급할 때, 그것을 이해하게끔 준비하는 가장 효과적이라고 명시한 과목이 수, 음악, 기하학, 천문학 등 수학과 관련된 것들이다. 자연의 모든 단계와 부분이 '수'라는 암호로 연결되어 있다고 선언한 피타고라스가 주로 공부한 학문이기도 하다.

요즘에 와서 사람들은 수학을 주로 산수로 생각하는 경향이 있다. 측정이나 계산으로만 사용하며 산다. 그러나 원래 수는 상징(symbol)이다. 수 자체는 현실의 대상은 아니다.

수라는 것은 공간상에도 시간상에도 존재하지 않는다. 결론을 내리자면, 수가 가지는 성질은 현실의 존재로 남아있으면서 동시에 우주가 생기기 이전에도 우주가 끝난 뒤에도 존재할 것이다.

과학과 수학의 관계를 보자면, 과학은 수학이란 언어를 사용해서 자연의 문장을 만들어내는 학문이다. 그러므로 수학은 과학적 사유의 틀이며 한 세계를 구축하는 밑바탕 언어인 것이다. 만약 다른 우주를 서술하려면 다른 수학이 필요할 것은 말할 필요도 없다. 실제로 유클리드 기하학에서는 아인슈타인의 상대성이론이 적용될 수 없다.

수학은 우리를 일상의 제한적인 세계로부터 더 깊은 곳으로 데려다 줄 수 있다. 신성한 공간은 몸이나 두뇌 세포에 들어 있는 곳이 아니라 우리 의식 속에 있기 때문이다.

1623년 출간된 책 『Assayer』에서 갈릴레오는 이렇게 말했다.

"우주는 우리 눈앞에 펼쳐져 있는 위대한 책이다. 그러나 이 책을 읽으려면 먼저 그것이 쓰여진 언어를 알아야 하고 상징을 알아채야만 이해할 수 있다. 우주는 수학이라는 언어로 쓰여져 있으며, 상징들은 삼각형, 원, 그밖에 여러 기하학적 도형들이다. 이것들의 도움이 없이는 이 책의 한 단어도 이해할 수 없으며, 우리는 캄캄한 미로를 헛되이 방황할 것이다."

수는 1에서 시작된다

'수가 1에서 시작된다'는 위의 말은 아리스토텔레스가 한 말이다. 자명한 말이라 당황스럽게 들릴 수도 있지만 이 말 속에는 둘도 없는 진리가 내포되어 있다. 자 그러면, 아래를 한 번 살펴보자.

$1 \times 1 = 1$

$11 \times 11 = 121$

$111 \times 111 = 12321$

$1111 \times 1111 = 1234321$

$11111 \times 11111 = 123454321$

$111111 \times 111111 = 12345654321$

$1111111 \times 1111111 = 1234567654321$

$11111111 \times 11111111 = 123456787654321$

$111111111 \times 111111111 = 12345678987654321$

모든 것의 시작과 끝이 수 1로 시작하고 수 1로 끝나는 것을 볼 수 있지 않은가? 또 자신을 곱하는 수를 정 가운데의 정점에 두고 되돌아온다는 패턴을 발견할 수 있다. 이것은 마치 인간이 홀로 태어나 홀로 떠나는 과정이 상상되기도 한다. 물론 이것도 관념일 수 있다. 그리고 어떤 전제 안에서만 그러한데, 즉 십진법 안에서만의 문법이다. 어쨌든, 이것은 십진법 안에서의 세계는 대칭이며 어떤 정교한 패턴을 보여주고 있는데, 여기서의 1이라는 수는 자아와 같기도 하고 우주의 성질 같다고 느낌을 준다.

　이렇듯 수는 우주 원리를 보여주는 철학적 언어이다. 이 장에서는 흔히 수학이 자주 사용하는 방식이 아닌 다른 관점에서 수에 대한 성찰을 시도해보려 한다. 수와 우리 내면과 일상과의 연결성을 관찰해보는, 인문학적 방식이라고 하겠다.

　1의 기하학적 표현은 원이다. 고대 수학자들은 1이라는 수로부터 모든 수들이 나온다고 생각했다. 그래서 1을 씨앗, 본질, 창조자, 토대 등등으로 여겼는데 그 중에서 가장 극적인 이름이 '진리'라고 했다.

　그들은 또 1을 하나의 수로 간주하지 않고 존재하지만 드러나지 않는 수라고 정의했는데 이는 다른 수들과 관계를 봐도 그렇다.

　어떤 수에 1을 곱하면 항상 그 자신의 수가 되고(9×1=9), 또 어떤 수를 1로 나눌 때에도 똑같은 관계가 성립된다(9÷1=9).

　수 1은 마주치는 모든 수의 속성을 그대로 보존시킨다. 모든 것을 떠받치면서 침묵하고 있는 우주의 공통분모인 것이다. 그래서 모든 정수 속에 1 이라는 수가 숨어 있다.

수 1은 점이나 원으로 표현되며, 모든 곳에 스며들어 있어, 세상의 물체와 사건의 기초를 이루고 있다. 원은 자연의 알파벳 중에서 최초의 문자이다.

그리고 모든 원은 모양이 똑같다. 다만 크기가 다를 뿐.

원의 지름과 원주는 결코 동시에 같은 단위로 측정될 수 없는데, 그들의 관계는 $\pi = 3.1415926\cdots\cdots$ 라는 초월수의 값으로 매개되어 있기 때문이다. 반지름이 정수나 유리수라 하더라도, 원주는 항상 무리수로 끝난다.

1584년『무한, 우주와 세계에 대하여』저술한 지오다노 브루노의 말이 떠오른다.

그는 '우주의 중심은 도처에 있으며 원주는 그 어느 곳에도 없다'고 의미심장한 진리를 말했지만 결국 화형을 당했다. 측정불가하고 끝이 없는 우주의 원주를 상상만 해도 등골에 전율이 흐른다.

어찌되었든, 모든 원은 하나의 몸속에서 유한성과 무한성을 내포하고 있다. 원의 다른 이름인 수 1도 당연히 그러하다.

수 2, 거울과 대칭과 미로

수 2에 대한 성찰은 1에서 시작할 수밖에 없다.

수 1은 아무리 스스로를 곱하더라도 결과는 항상 똑같다. $1 \times 1 \times 1 \times \cdots\cdots 1 \times 1 = 1$ 만이 계속 나온다. 1은 스스로 힘으로는 자신인 1 이상을 넘어갈 수 없다. 그러면 어떻게 수 1은 그것을 극복하여 다른 수들을 만들어 낼 수 있을까?

수 2의 기하학적 표현은 두 원이 교차되는 데서 나온다. 그러므로 답은, 거울의 도움으로 가능하다. 자신과 똑같은 대상 하나만 있으면 된다. 거울을 통해 수 1은 자신의 빛을 비추고 자신의 그림자가 반사됨으로써 스스로의 복제가 완성된다.

앗, 이걸 인간에게 대입시켜 보고 싶은 충동이 꿈틀거린다.

루이스 캐럴의 엘리스가 거울을 들여다보는 모습

관계는 거울이라고들 하던데……, 그렇다면 관계에서 상대란 없는 것인가? 아니 상대가 '나'이란 말인가? 아니면 상대란 원래 나의 그림자이며, 나의 복제란 결론인가?

젊거나 늙었거나 또는 여자나 남자이거나, 자신의 모습이 궁금해 거울을 들여다본다. 거울에 비친 상이 나를 반영한다고 믿기 때문이다.

그러나 거울에 비친 상은 같으면서도 다르다. 오른쪽과 왼쪽이 바꾸어져 있고 완벽하게 같지는 않다. 괜히 같다는 착각만을 준다.

시인 이상은 「거울」이란 시에서 이렇게 읊었다.

거울때문에나는거울속의나를만져보지를못하는구료마는
거울이아니었던들내가어찌거울속의나를만나보기만이라도했겠소.

　시인 이상은 실존의 비극을 말하고 있지만, 거울속의 나는 나이지
만 어마어마한 간극을 가진 타자의 나이다. 그렇다, 거울속의 나는 실
제가 아니다. 그래서 옛부터 수 2에는 환상이란 별명이 붙어있다.
　수 2도 수 1만큼 독특한 성질을 지니고 있다. 2는 자신과 같은 수
를 더한 것과 곱한 것이 똑같은 결과가 나오는 유일한 수다. 즉
2+2=4 이고 2×2=4이다. 더해도 곱해도 같다.
　세포 분열을 보면, 최초 세포가 자신을 복제한 다음에 2개의 동일
한 세포로 분열하는데 그 과정이 반복되면서 조직화되고 계속 이어져
성장한다. 1에서 2, 2에서 4, 4에서 8로, 8에서 16으로 계속 불어나
마침내 세포의 유기체인 다자가 된다. 이는 생명의 근원적 시작을 보
여준다고 하겠다.
　수 2가 과학의 다른 근원적인 분야에도 표현되고 있는 것을 발견할
수 있다.
　빛은 입자이자 파동이고, 인력과 척력의 기본적인 양극성에서 빛과
에너지와 물질이 생겨나고, 자기장, 자석도 수 2의 원리를 보여주고,
컴퓨터도 0과 1의 원리로 작동하고 있다.
　그러고 보면 이 광대한 세계가 마치 1과 2, 단지 그와 그녀로 시작
되는 듯하다. 전기 회로도 양극과 음극이 필요조건인 걸 보면.

아이러니하게도 수 2의 내재적인 성질은 1로부터 분리해 나가려는 것처럼 보이는 반면, 자신의 근본을 기억하기에 서로 결합하려 한다. 그러므로 분리되는 동시에 합쳐지며, 서로 밀어내는 동시에 끌어당긴다. 이중적이다.

또한 수 2는 대칭과 패턴의 시작이다. 둘의 관계로부터 세상의 온갖 다양한 무늬들이 만들어진다. 대조와 반복과 긴장과 화합과 긴장의 패턴은 모든 자연사와 인간사에서 일어난다. 그러므로 수 2는 탄생과 창조의 뿌리에 존재한다.

그래선지 고대 수학자들은 1과 2를 수라고 여기지 않았다고 한다. 그것들의 표현인 점과 선은 실재하는 것이 아니었기 때문이다. 점은 0차원이고, 선은 1차원이다. 그렇지만 세상의 기하학적 패턴을 작도하는 데 필요한 것은 하나의 점과 선에 시작하여 계속 이어가는 상호작용만으로 충분하다.

수 2의 본질인 이 양극성이 없는 물질은 우리 세상엔 없다. 가깝게는 심장 박동으로, 멀게는 우주 가장자리에서 맥동하는 퀘이사의 모습으로, 반대극 사이의 리드미컬한 진동으로 나타난다.

얼핏 보면 자신은 독자적으로 행동한다고 생각하지만 모든 움직임은 자연의 양극성의 원리를 따르고 있다.

세상은 이원성(duality)으로 이루어졌다. 지구상의 모든 것은 수 2로 표현되고, 인지되고, 분리된다. 수 2라는 그림자를 밟지 않고 지구에서는 걸을 수가 없다.

언어도 깊이 들여다보면, 이 이원성 위에 세워진 집이다. 위와 아래, 많고 적음, 옳고 그름, 승리와 실패, 팽창과 수축, 건설과 파괴, 선과 악, 참과 거짓……. 짝을 이루는 단어들 중 어떤 것도 홀로 존재할 수 없다. 모든 실체는 자신과 반대되는 것과 마주치고, 각자는 상대편의 의미를 내포하기 때문이다.

언어는 속성상, 어떤 구조를 가지고 있든 간에, 우리가 살고 있는 세상을 반영하고 있다.

우리의 실존은 수 2의 양극성으로 구성되어 있다. 전기가 두 개의 극, 양극과 음극을 갖고 있듯이. 하루가 낮과 밤으로 이루어졌듯이. 겉으로 나타나는 현상이 다르고 논리적으로도 둘은 반대로 보인다. 그러나 논리를 제쳐놓으면 그 둘은 반대가 아니라 보완적이다.

하루는 낮이었다가 밤이 되고 다시 밤이었다가 아침이 된다. 빛이 어둠이 되고 어둠이 빛이 된다. 전기의 영역에서는 음극이 없으면 양극이 존재할 수 없다. 생물학적 순환에서도 탄생이 죽음이 되고 어느 개체의 죽음은 탄생으로 이어져 순환되고 있다. 반대가 아니라 상호 보완적인 것이다.

반대되는 것들의 거울 세계에 사는 한, 일체성의 느낌 속에서 살 수 없다. 이런 제한을 초월하기 위해서는 다른 시각이 일어나야만 한다.

상대적인 것을 보완적인 것으로 보는 관점에서 바라보며 양극이 하나의 쌍으로 불가분의 관계에 있다는 점을 인식할 때 우리는 상대적 이원성을 극복하고 수 1에 있는 공통 근원에 접근할 수 있을 것이다.

『거울나라 엘리스, Through the Looking Glass』에서

현대물리학은 피상적이고 객관적인 물질세계보다 더 깊은 지점으로 들어가고 있다. 수 2의 세계의 끝 지점에서는 다시 1을 만나지 않을까……

수 3, 구조의 모든 것

무한도 세 가지 모습이다

— 칸토어

수학자 칸토어는 무한을 세 가지로 나누어 생각했다고 한다. 그 셋은, 신의 정신인 절대적 무한, 인간 정신의 수학적 무한, 그리고 우주 속의 물리적 무한이다. 천재의 깊은 사유에 무엇을 덧붙이거나 근접해 따라갈 수는 없지만 아마 그러한 이도 3의 구조 속에서만 무한에 대한 연구가 가능했던 모양이다.

어떤 전체를 세 부분으로 나누는 것은 지극히 자연스럽다. 시작과 중간과 끝, 시간의 과거와 현재와 미래, 공간의 길이와 폭과 높이, 인간의 탄생과 삶과 죽음, 빛과 색의 삼원색에서 종교의 삼위일체까지, 우주에 내재하는 일체성은 모두 세 부분으로 표현되고 있다.

철학자들은 정正, 반反, 합合 이라는 이론을 더하고 있고, 아인슈타인의 유명한 방정식 $E=mc2$도 에너지, 질량, 빛, 세 가지를 통합한 법칙이라고 할 수 있다.

미시세계의 패턴도 수 3의 구조이다. 양전하를 띈 양성자와 음전하를 띈 전자가 중성인 중성자에 의해 균형을 이루며 회전하고 있는 걸 보면.

생명 근원의 구조인 DNA도 네개의 염기를 3개씩 조합하면서 이십 종의 아미노산을 만들어낸다. 우리 몸에 에너지를 주는 영양소도 단백질, 탄수화물, 지방 세 가지다. 기독교 교리에서 신은 성부, 성자, 성령의 삼위일체이고, 불교에서도 법신, 응신, 화신으로 나뉜다.

가족이란 단위도 아버지와 어머니와 자식의 구조로 이루어진다. 국가 구조도 입법부, 행정부, 사법부로 나누어 각각 독립적이지만 서로 견제와 균형을 이루는 제도이다. 현실에 있어서는 전혀 균형이 이루어지지는 않고 있지만 세 부분으로 나누어진 구조는 완성에 이르는 과정을 제공한다고 하겠다.

언어도 자음과 모음과 침묵으로 이루어진다. 언어에 있어서 3은 완전성이란 의미로 쓰이는데, 삼 세 번, 세 가지 소원, 만세 삼창, 등의 단어는 수 3의 본질을 품고 있어서 이렇게 표현되었으리라.

3의 구조는 생활 곳곳에 스며들어 있다. 머리를 세 가락으로 나누어서 하나로 만드는 땋은 머리모양은 두 가닥씩 엇갈려 꼬며 땋아 내려간다. 별개의 세 가닥이 하나로 묶이고 강화되며 새로운 전체로 묶인 것이다. 일상에서 흔히 보는 밧줄도 바로 그런 방식이다. 여기에 수 3의 원형에 대한 단서가 있다.

세 번째 요소는 서로 반대되는 것을 통합하여 새로운 단계로 올려 놓은 '제 3자'라는 관계를 낳는다. 서로 대립하는 두 수를 결합시키고, 균형을 이루고, 중재하고, 변화시키고 중립시킨다. 이 세 번째 측면이 없이는 지속적인 어떤 것이 불가능해진다. 그래서 제 3의 요소, 제 3의 선택, 제 3국가들, 제 3의 방법들이란 말이 만들어진 것이다.

　마요네즈는 제 3의 방법의 원리로 만들어진 음식이다. 물과 기름은 도저히 섞이지 않는다. 하지만 제 3의 요소인 계란 노른자를 첨가하면 그때서야 물과 기름은 화해를 한다. 그렇게 만들어진 것이 마요네즈이다. 화학적 요소에는 이러한 제 3의 개입에 의한 결합이 이외에도 무수하다.

　3은 자기보다 작은 수를 모두 더한 것과 같은 유일한 수이다 (3=2+1). 또한 자기보다 작은 수를 더하거나 곱하거나 값이 같다 (1+2+3=1×2×3). 수학적으로 1, 2, 3은 하나가 되어 다른 수들을 만들어내는 토대가 된다. 수 3의 창조성이 여기에 근거한다고 할까.

　근원적으로 수 3은 삼각형의 기하학 모형으로부터 왔다. 정삼각형은 똑같은 변과 똑같은 각도를 가진다. 그래서 수렴성이 가장 큰 도형이다. 어느 방향으로 틀어도 순환한다. 가위, 바위, 보처럼 균등한 힘을 가지게 되면서 영원히 순환할 수 있다.

　삼각형은 자기 충족적이라서 세 변의 서로 반대되는 방향의 응력은 외부의 어떤 도움도 필요 없는 견고하고 안정된 하나의 전체를 가진다. 그래서 삼각형 구조는 자연과 모든 건축에 기초를 이루고 있다.

삼각형은 공간에 힘과 균형과 효율성을 부여한다. 구조 그 자체라 할 수 있다. 그리고 기하학적으로 똑같은 루트 3의 관계로 작아지는 더 작은 삼각형으로 분해될 수 있다. 삼각형의 변을 계속 연장하면 삼각형 구조가 안쪽으로 무한하게 계속된다.

존재는 이원적으로 만들어놓았지만, 또는 만들어져 있지만, 모든 것의 구조는 수 3으로 이루어졌다.

잠깐만! 하나만 더 수 3의 성질을 첨가하자면, $1 \div 3 = 0.33333\cdots\cdots$으로 끝이 없이 이어진다. 이것을 보면 혹시 수 3에도 무한이 숨어 있는 것이 아닐까? 겉으로는 정수이고 구조의 수이지만 그 속에는 무한이? 아니 끝없음이?

*Sierpinski gasket 삼각형 그림은 수 3을 완벽하게 보여준다.

오, 아름다운 수, 5

별을 떠올리면 즉각 오각형이 머릿속에 그려진다. 어른이나 아이들이나 모두 별은 오각형으로 그린다. 사각형이나 원으로 그려진 별을 본 적이 없다. 다윗별처럼 구조를 나타내는 육각형 별도 있지만 정말 별다운 별은 오각형이다.

왜 우리는 별을 오각형으로 그리는 걸까? 실제로 밤하늘의 별은 오각형도 아닐 뿐더러 그런 식으로 빛나지도 않는데…… 또 지구상에 수많은 나라들이 자국 국기에 별들을 단다. 지구에서 살면서도 자기네 나라가 별이라는 건지, 별을 그리워한다는 건지…….

1은 점, 2는 선, 3은 면, 4는 입체라고 정의한다면 5는 뭐라고 할 수 있을까? 별의 오각형말고 우리 일상에 수 5가 어떻게 펼쳐지고 있는지 궁금해진다.

우리 집 마당에 꽃들은 다섯 꽃잎수가 압도적이다. 우연히도 그들은 대개 열매를 맺는 나무이기도 했다. 사과나무, 복숭아나무, 살구나무, 자두나무, 배나무, 매화나무 등 과실나무는 일반적으로 5개의 꽃잎수를 가지고 있다.

꽃잎수야 성장하는 내부 원리에 따라 다양하게 다르게 나타난다고 하지만 식물의 이파리들도 모두 오각형의 형태로 펼쳐진다. 잎들이 햇빛을 달라는 듯한 보채는 손의 포즈 같기도 하다.

그러고 보면 인간도 오각형이다. 다빈치가 그린 유명한 인체 그림처럼, 원 안에 사람을 세워놓고 머리와 두 팔과 두 다리를 이어 보면 오각형이 된다. 신비스럽게도! 인간이 별이라는 점을 언급하지 않아도 어떤 연결성이 있다.

어쨌든, 수 5와 그의 원천인 오각형이 생명의 형태와 생물의 속성으로 무수히 발견되며, 수 5를 통해서 생명의 신비를 엿볼 수 있다. 그렇다면 여러 나라 국기에 걸린 별들도 그런 생명력을 뜻하는 것으로 이해가 된다.

그런데 수 5 를 n 제곱했을 때 마지막 숫자는 항상 5로 끝난다. (5×5=25, 5×5×5=125) 그래서 수 5는 순환수라고 불린다. 나선형의 형태는 수 5에서 유래한다.

자연에서 우리는 이 나선형의 구조를 자주 볼 수 있는데, 회오리바람이나 폭풍이나 배수구의 소용돌이에서부터 숫양의 뿔, 앵무조개의 껍질, 볼트와 용수철이 그런 것들이다. 또 식물도 자라날 때 잎들이 줄기를 감고 올라가면서 나선형 계단처럼 성장한다.

식물만 아니라 우리 몸속에 DNA 분자의 이중나선 헬릭스(helix)도 나선형이다. 또한 무수한 별들로 이루어진 은하도 나선형이다.

수 5의 특징인 자기대칭성은 동식물의 생명현상이나 무생물의 형태에서 무수히 발견된다. 예를 들면 불가사리의 경우, 다리가 하나 잘려도 그 자리에서 또 생겨날 뿐만 아니라 잘려나간 다리는 완전히 새로운 개체로 자라난다. 현대의학이 추구하는 유전자복제의 가능성을 이미 불가사리가 보여주고 있다고 하겠다.

사실 식물의 경우도 부분으로부터 전체가 자라나는 재생의 원리가 관찰되는데, 이는 바로 분재의 기본 원리다. 큰 가지에서 똑같은 패턴으로 잔가지들로 뻗어 나가는 자기대칭적이고 복제적인 구조는 식물군에서 손쉽게 찾아볼 수 있다.

카오스 이론의 핵심인 프랙털 수학에서도 마찬가지이다. 해변을 항공사진으로 찍은 모습을 보면, 서로 다른 척도에서 똑같은 모양을 반복하는 재생 원리를 목격할 수 있다. 이렇게 수 5의 원형은 자연 속에, 생명 속에, 우리 안에, 있다.

생명의 이상적인 균형이라고 불리는 아름다운 황금 분할은 그리스 문자 파이(Φ)로 나타낸다. 오각형은 Φ의 관계가 잘 포장되어 있는 도형이다. 오각형의 꼭지각은 다른 모든 부분들과 전체에 대해 Φ의 비율로 서로 연관되어 있다.

수 5로 이루어져 황금비로 분할된 비율은 자연과 건축에 나타나곤

한다. 별모양이 그려진 오각형 안에 별이 있고, 이 별 속에 정오각형이 있고, 그 속에 또 별이 들어 있고 이것이 무한히 계속된다.

별이나 꽃잎이 다섯 장인 꽃을 볼 때 사실상 우리가 보는 것은 생명 재생의 힘이 기하학적 조화로 나타나는 모습을 바라보는 것이다. 그러니까 모든 꽃에서도 우리는 문자 그대로 무한의 얼굴을 들여다보고 있는 것이 아닐까.

아이들이 별을 그릴 때 무의식으로 그렸는지 모르는 일이지만 그들도 실은 이미 논리가 아닌 방법으로 이것을 느끼고 있었으리라.

그런데, 실제로는 Φ는 수가 아니라 관계이다.

우리는 눈에 보이는 수에만 집중하지만 수는 그것을 나타나게 하는 누적 과정의 표현인 것이다. 그러므로 0과 1만이 아니라 어떤 두 수를 가지고도 황금비율이 나온다. 연속적인 두 항을 더하여 그 다음 번 항을 얻는 식으로 계속해나가면 그 이상적인 극한값은 항상 Φ에 접근한다.

Φ에 어떻게 접근해가든지, 그것은 우리를 무한 속으로 데려간다.

Φ의 방정식을 소개한다.

$$\Phi = \sqrt{1+\sqrt{1+\sqrt{1+\sqrt{1+\cdots}}}}$$

방정식은 무한의 옷을 걸친 수학의 만다라이다. 이 방정식은 자신과 상호작용하는 1로만 이루어져 있다. 마치 서로 마주 보고 있는 2개의 거울 속에 반사되는 상들이 갈수록 점점 작아지는 것과 같다. 또는 깊숙이 숨어 있던 원형을 찾아 펼쳐지는 것 같고.

모든 것을 다 알기 위해 전체를 보아야 할 필요는 없다. 어떤 부분이라도 한 가지를 잘라내면 그 부분은 전체 방정식을 꼭 닮았으므로.

우리 눈에 보이지 않는 우주의 거시적 부분은 사실상 우리 눈에 보이는 작은 부분과 같다.

거대한 사막의 주름진 모습을 아주 작은 모래땅에서도 볼 수 있고, 거대한 은하의 소용돌이 모습을 우리가 매일 접하는 싱크나 하수도에 물이 빠지는 소용돌이에서 관찰할 수 있다.

물론 둘의 스케일은 비교할 수 없을 정도의 차이가 있지만 패턴과 원리는 다르지 않다. 그와 같이, 일상생활에서도 얼마든지 거대한 우주의 원리와 그와 닮은 모습들을 목격할 수 있다. 오직 우리들에게 이 것을 볼 수 있는 마음의 눈이 열려 있다면 말이다.

사과나 배나 해삼을 자르면 오각형이 드러난다. 야채의 샐러리가 부엌칼에 의해 도마에서 잘려 나간 후에 보면 그 꼭지 부분도 오각형 별모양을 하고 있다. 앞마당 소나무에 열린 솔방울에서도 피보나치수열을 찾아볼 수 있으며, 두부찌개에 넣은 조개껍데기에서도 황금 나선형의 비밀을 흘낏 엿볼 수 있다. 냄새 나는 음식에 달라붙는 귀찮은 파리조차도 황금 나선형의 각도를 그리면서 날아온다 하니. 가히 세상은 φ의 화엄이 아닐 수 없다!

음악의 수, 7

피아니스트 친구가 연주회를 끝낸 후 이런 말을 했던 것이 기억난다. 글이나 그림은 남는데 연주는 남지 않아서 허망한 느낌을 받는다고. 그때 나는 그 말에 고개를 끄떡였다. 근데 그런가 정말로?

아닌 것 같다.

하지만 이 직감의 타당성을 위해서는 과학의 논리 또는 다른 세계관이 필요하리라.

물리학적으로 소리는 공기의 진동이다. 즉, 어떤 힘을 가하면 그것이 주변의 공기를 흔들고 또 그 움직임은 그 옆의 공기를 흔들어서 계속 이어져가며 퍼져간다. 호수에 빗방울이 떨어져 물결이 이는 현상과 같다. 눈에 보이지는 않지만 소리는 분자차원에서 그런 파동이다. 실제로 힘으로 인한 압력이 공기분자들을 밀어 그것이 소리로 현현하는 것이다.

피아노는 건반을 쳐서 울림판이 주변의 공기를 진동시킨다. 바이올린의 경우는 활을 그으면 활의 송진이 줄을 비비면서 줄을 진동시키고 그 줄의 진동이 브리지를 타고 바이올린 상판을 움직이고 또 그것과 붙은 바닥판이 흔들리면서 주위의 공기를 움직인다. 울림판이 없다면 줄이 움직일 수 있는 공기의 양이 많지 않기 때문에 울림판을 사용하게 된 것이다. 바이올린은 이런 울림판이 있어 해금보다 소리가 크고 예술의 전당과 같은 콘서트홀에서도 연주할 수 있는 것이다.

그런데 우주에 가서 바이올린을 켜거나 피리를 분다면 어떤 소리가 날까?

놀랍게도 아무 소리도 들리지 않는다. 왜냐면?

소리는 파동이라서 매질이 있어야 되는데 우주는 텅 비어 있기 때문이다. 우주에는 움직여야 할 분자가 거의 없다. 1입방 센티에 수소 하나 정도?

우주는 캄캄하고 적막하다. 적막이라기보다 먹먹하다. 진공에다 자명종시계를 갖다놓아도 들리지 않는 상태를 상상해보면 된다.

소리는 지구에서만 생성되고 들리는 현상이다.

우리가 사는 지구는 소음 때문에 문제들도 많지만 그럼에도 소리가 만들어질 수 있는 유일한 곳은 오직 이곳뿐이다.

별이 반짝이는 것도, 부드러운 바람이 부는 것도, 아름다운 소리가 들리는 것도, 오직 지구에서만 일어나는 경이로운 일이다. 혹시 어딘가에 공기를 품은 행성이 또 존재한다면 몰라도.

참! 잠깐만! 흔히 사람들은 우주가 아주 아득한 먼 곳에 위치한다고 생각한다. 광년으로 달려오는 별빛 때문에 그런 오해를 하게 된 것 같다.

그러나 우주가 그다지 멀리 있지 않다.

대기가 순환하는 대류권은 12킬로미터이지만 대략 100킬로미터까지가 대기권이다. 이 지점부터는 공기가 희박해지고 우주라고 불린다. 그 거리를 환산해 보자면 서울에서 대전까지의 거리밖에 되지 않는다. 국제우주정거장(ISS)는 지구에서 대강 400킬로미터쯤에 위치하고 있는데, 그 거리가 서울에서 제주도까지보다 가깝다. 지구에서 540킬로미터에 설치된 허블망원경은 미국 뉴욕에 유학가 있는 아들보다 훨씬 가까이 있는 셈이다. 물론 두 곳 다 비행기를 타고 가야 되겠지만 뉴욕이 우주보다 20배나 멀리 떨어져 있다는 말이 된다.

한편 대체로 수학자들 치고 음악적이지 않거나 음악을 좋아하지 않는 사람은 드문 편인데, 그 이유는 근원적인 면에서 음악과 수학이 친밀하게 연결되어 있어서 그렇다. 음악은 수학의 엄밀성에 뿌리내린 분야라고 할 수 있다. 음악의 재료이자 시간 자체인 진동의 비율은 수에 근거를 두고 있다.

우선 음악의 구조는 7음계로 이루어졌다.

피아노의 경우는 7개 흰색 건반인 온음과 5개의 검은 건반인 반음으로 이루어지는 12음계이다. 모두 88개의 건반으로 들을 수 있는 음역은 7 1/3옥타브이다.

바흐는 하나의 옥타브를 2의 1/12 승으로 나누어 주파수 비율을 일정하게 만들었다. 이렇게 함으로서 어디에서 시작하더라도 상대적인 음의 비율이 일정하여서 조바꿈을 자유자재로 할 수 있게 되었다. 이것을 평균율이라고 부르는데, 이로 인해 오케스트라의 여러 다른 악기들이 함께 연주할 수 있는 바탕을 만들어 낼 수 있었다. 소리에 숨어 있는 수학적 언어를 통찰하여 발명해낸 놀라운 성취이다.

음계는 우주의 모형을 보여주는 하나의 방식이다. 그 7음계는 우리가 다 잘 아는 '도라미파솔라시도'이다. 그러나 그 음계의 이름이 어디서 유래했는지를 잘 모르는 수가 많은데, 음계의 뜻과 의미는 라틴어 첫 글자에서 출발했다.

도(Domimus, 절대자 주님), 레(Regina, 하늘의 여왕 달), 미(Microcosmos, 소우주 지구), 파(Fata 행성), 솔(Sol, 태양), 라(Lactea, 은하수), 시(Sider, 별과 모든 은하), 도(Domimus 주님)이다.

우주의 계층구조도 이처럼 구성됨을 시사하고 있다. 단테가 그려낸 신곡에서의 이미지도 연상된다.

7음계 구조는 절대 신성으로부터 시작하여 천체의 일곱 계단을 내려와 다시 돌아가는 순환이다. 그런 가운데, 화음으로 결합되거나, 불협화음으로 분열되거나, 하면서 조화와 부조화를 일으키는 양극단 사이에의 떨림이 바로 음악인 것이다. 그것은 또한 우리 삶이기도 하고.

관찰해 보건대, 7은 7 나름대로의 패턴이 있고 고유한 세계가 있어 보인다. 기하학자들이 도구를 사용해서 정확한 정칠각형을 만들 수 없듯이 자연에서 또는 인간이 만든 상징적인 구조에서 정칠각형은 발견되지 않는다.

수 7은 어떤 수와도 다르다. 정칠각형은 기하학 모형으로 작도되지 않는다. 모든 모양 중에서 정확하게 붙잡을 수 없는 것은 오직 정칠각형 뿐이다.

$$1÷7=0.142857\cdots$$
$$2÷7=0.285714\cdots$$
$$3÷7=0.428571\cdots$$
$$4÷7=0.571428\cdots$$
$$5÷7=0.714285\cdots$$
$$6÷7=0.857142\cdots$$
$$8÷7=1.142857\cdots$$
$$9÷7=1.285714\cdots$$
$$10÷7=1.42857\cdots$$

어떤 수를 7로 나누면, 항상 142857이란 수가 반복되는 순환 고리가 남는다. 구조의 수인 3, 6, 9에서는 찾아 볼 수 없다. 수 7은 다른 수와 관계를 이루지 않는다. 7음계의 상징인 수 7은 이런 특성을 가지고 있다.

7을 비롯한 소수, 즉 1, 3, 5, 7, 11, 13, 17, 19, 23, 29……등 꽤

많은데, 소수(prime number)의 매력은 대단하다.

작곡가 올리비에 메시앙은 소수인 17과 19를 사용해서 독특한 음악 구조를 만들어냈는데, 어떤 악장은 리듬 시퀀스가 17번에 한 번씩 진전되고 하모닉 시퀀스는 29번에 한 번씩 오도록 작곡했다. 그렇게 배열함으로써 같은 멜로디 소절이 결코 493 되는 지점까지 만나지 않는다. 메시앙이 전쟁 포로로 갇혀 있을 때 작곡한 이 곡의 제목은 아이러니하게도 '시간의 종말을 위한 사중주'였다.

곤충인 매미도 같은 이치를 사용해서 자신의 종을 유지시킨다. 그들은 소수를 이용해 귀환함으로써 천적을 피한다고 한다. 17년에 한 번 씩 매미의 종이 태어나도록 유전자에게 지시를 하면, 매미의 자손이 그들을 잡아먹는 놈들과 만나는 기회가 좀처럼 쉽지 않게 된다. 무술에서 최고의 경지인 36계 줄행랑과 비슷한 고수의 계략을 닮은 게 아닐까.

음악이나 인간이나 존재계나 모두 7 단위로 도약하고 있다.

우주에 있는 모든 것은 소리를 내고 저마다의 고유한 진동수를 지니고 있다. 물체가 가진 고유진동수와 똑같은 진동수를 가진 것이 다가와 공명을 일으키게 되면 그 물체는 부서져버린다. 죽음인 것이다. 그러니까 높은 소리를 질러 와인 잔을 깨뜨리는 것과 주파수가 맞는 바람이 불어오면(비록 산들바람이라도) 강의 견고한 다리가 부서지는 이유가 바로 그것이다. 물체가 가지는 고유진동수에 의해서 그 물체가 단단하게 연결시키고 있던 구조가 깨지는 것이다.

이런 사건들로 인해 우리는 어떤 물체이든지 어떤 형상이든지 고유한 음과 진동을 가지고 있다는 비밀을 엿볼 수 있다. 그런데, 인간의 경우도 그러한가?

　당연히 그렇다!

　누구나 저마다 고유한 음과 진동을 가지고 있다. 어떻게 그것을 알아내는가도 개인마다 다를 테지만.

시인과 수학자

황제가 시인에게 자신이 소유한 모든 것을 보여주었다. 길게 늘어선 의장대의 사열을 받으며 황제와 시인은 아름다운 궁전과 정원, 넓은 들판과 강들, 거대한 서재를 차례대로 둘러보았다. 그들은 웅대한 건축물들을 지나 계단으로 이루어진 높은 탑들이 서 있는 곳에 이르렀다. 마지막에서 두 번째에 있는 탑 아래서 시인은 짧은 시 한편을 낭송했다. 화난 황제가 소리쳤다. "네가 내 궁전을 탈취해 가버렸도다!" 하고 시인의 목을 베어버렸다. 시인은 마지막 음절과 함께 지상에서 사라졌다. 그러나 시인이 마지막으로 읊은 시는 그에게 불멸의 이름을 주었다. 시의 원본은 분실되었지만 아마도 시는 한 행이거나 또는 한 단어로 이루어졌을 거라고 후대 사람들은 말하고 있다. 시인의 후손들은 여전히 그것을 찾고 있다.

— 보르헤스의 「궁전의 우화」에서

도대체 어떻게 한 줄 또는 한 단어에 황제가 소유한 궁전이며 보물이며 그림이며, 황혼 빛마저도 담을 수 있었을까? 시인이 읊었던 시는 어떤 것이었기에 황제는 시인의 목을 쳐야만 했을까? 또 어떻게 시가 현실의 지배자인 왕이 누렸던 소유를 다 탈취해갈 수 있는지 알쏭달쏭하기만 하다.

보르헤스가 말하는 시인이란 혹시 수학자를 지칭한 게 아니었을까, 생각해본다. 간단명료한 공식으로 우주의 법칙을 설명하고자 하는 수학자들을 떠올려보면 왠지 타당해 보인다. 천 마디의 말보다 방정식 한 줄이 우주를 명료하게 표현할 수 있는 건 누구나 알고 있는 사실이다. 아인스타인은 $E=mc2$ 방정식으로 우주와 존재에 대한 우리의 개념을 완전히 바꾸어 놓지 않았던가?

모든 것을 X로 정하고 답을 찾아가는 방정식은 이른바 그런 시도이다. 수가 상징으로 대치될 수 있다는 생각은 인류의 굉장한 비약이었다.

그런데 21세기에 들어오면서 획기적이고 놀라운 수학적 사건들이 발생했다. 이상한 수학자들이 등장해서 우주의 비밀을 펼쳐 보이고, 세상을 보는 우리 눈을 바꾸었다.

제일 먼저는, 아주 오래된 수수께끼인 "페르마의 마지막 정리"가 마침내 풀렸다. 1993년 영국 수학자 앤드류 와일스가 350년간 닫혀져 있던 수수께끼의 문을 열어주었다. 페르마가 책의 여백에 '나는 기적적으로 이 문제는 풀었지만 여백이 없어서 적지 못했다.'라고 써

놓은 글귀 때문에 수많은 수학자들이 오랫동안 잠을 못 이루고 괴로워했던 문제였다. 전 세계의 수학자들은, 모든 과학 분야를 통틀어, 이토록 간단명료하면서도 고도의 지성과 사고를 요구하는 문제는 찾아보기 힘들었다고 했었다.

또 하나는, 2002년에 세계 7대 수학 난제 중의 하나인 '푸앵카레의 추측'을 증명한 러시아 수학자 페렐만의 작업이다. 페렐만의 증명은 우리 시대의 가장 위대한 성취 중의 하나라고 하는데, 그것은 우주의 본성과 모양에 관해서 수학적으로 증명을 해보인 사건이었다. 페렐만은 웹사이트에 논문을 올린 후, 미국에서 오직 3번만의 공개 증명을 해보이고는 자신의 조국으로 사라졌다. 엄청난 상금과 기막힌 기회들을 모두 사양하고.

1999년에는 미국 물리학자인 리자 랜들이 놀라운 모형을 제안했다. 세상은 샤워 커튼에 매달린 물방울처럼 5차원의 막에 매달려 있으며 중력은 5차원 세계에서 작용하는 힘일지도 모른다는 것이었다.

우리는 지금 우리가 몇 차원의 우주에서 살고 있는지 알지 못한다. 4차원 일 수도 있고, 5차원 혹은 11차원 일 수도 있다. 현대 수학은 11차원까지 다루고 있으며 차원의 개수는 무한할 수 있다고 말하고 있다. 이것을 깊이 사유해보면 정말로 겁나는 개념이 아닐 수 없다.

그건 그렇다 치고, 어떤 사람들이 수학자들인가? 그들은 과연 시인과 같은 부류 일까?

수학자들은 현실과는 상당한 불균형을 이루고 사는 사람들이다. 그럼에도 그들의 업적은 가히 프로메테우스적이다. 지구 한 구석에서 말없이 지금까지의 문명을 가능케 한 공로자들이다. 그러나 거의 모든 수학자들의 삶은 예술가들 못지않게 평탄하지 않았다.

　많은 수학자는 자살을 하거나 미쳤다. 달걀대신 시계를 삶은 수학자도 있고, 폴 에어디쉬는 21살까지 빵에다 버터를 바르는 법도 몰랐다. 이들 중 다수가 요절했을 뿐만 아니라 동성애를 비롯한 온갖 선과 악의 극단의 경계를 살았다고 한다.

　어찌 보면 수학자와 시인은 가장 가까운 인척이다. 아니, 수학자는 아름다움과 진리를 추구하는 시인이다.

　정수론의 아버지 G. H. 하디는 수학자의 패턴은 화가나 시인의 그것처럼 아름다워야 한다고 말했다. 수학의 아이디어는 색채나 단어와 마찬가지로 조화로운 방식에 의해 연결되어야 하며 아름다움이 그 첫 번째 기준이 되어야 한다고 주장했다.

　수학이 아름다움을 추구한다는 말은 생소하게 들리지도 모르겠다. 흔히 아름다움이란 지극히 개별적이라고 여기기 쉬우나 실은, 우리가 생각하는 것과는 달리, 진정한 아름다움은 개인의 어떤 것, 취향이나 주관적인 면을 뛰어넘는다.

　아름다움은 진리처럼 보편성을 띄고 있으며 내적 생명력과 관련이 있다. 이른바 인간이 신을 느끼는 측면인 것이다. 그리하여 모든 아름다움의 뿌리는 진리와 가까이 놓여있거나 또는 근원을 나누고 있다는 결론에 도달하게 된다.

수학은 돈이 벌리지 않는 학문이지만 공부하려면 돈이 들지도 않는다. (요즘은 반드시 그렇지만도 않지만) 종이와 연필과 시간만 있으면 우주를 계산할 수도 있고, 알아낼 수도 있다. 기하학자는 컴퍼스와 자와 연필을 필요로 하지만 수학자는 그것들마저도 필요 없고 머릿속에다 방정식을 담고 있을 수 있다.

그건 시인도 그렇다. 종이와 연필과 식량만 있다면 시인은 아무 것도 없는데서 상상력이 빚어낸 세계 속으로, 창조에 의해서 탄생하는 그 영역으로 얼마든지 자유롭게 들어갈 수 있다.

"수학의 본질은 그 자유에 있다!"라고 외친 집합론의 아버지 칸토어의 말처럼, 시의 본질도 자유에 있으니까.

페렐만

그대여, 그대의 운명에 깨어 있는가?

— 햄릿

이 책의 마지막 글에서 우리 시대를 대표하는, 아니 앞으로의 우주 시대를 열어준 수학자 이야기를 좀 더 확장하려고 한다. 그는 진인다운 인간상을 지니고 있다고 생각되기 때문이다. 2002년 가을, 수학자 페렐만은 우리가 궁금해 했던 우주의 모양을 증명해냈다.

그는 시인만큼 순수하고, 모차르트만큼 천재이고, 뉴턴만큼 과학세계를 흔들었고, 갈릴레오만큼 후대에 영향을 줄, 금세기 최고의 과학자이다. 그와 동시대에 살고 있어 행복할 정도이다. 그는 가난한 러시아 사람이지만 그게 무슨 상관인가, 어떤 민족, 어떤 국적이라는 사소한 카테고리가 무슨 의미가 있겠는가?

우주는 너무나 광대하고 우리는 제한되어 있다. 그럼에도 이제는 누구나 지구가 둥글다는 것은 안다. 그러나 아직까지 아무도 우주의 모양은 모른다. 우주의 모양을 알려면 직접 우주 밖으로 나가야 되는데 지금의 과학으로는 불가능하다. 그래서 수학을 통해서 우주의 모양을 추측할 수밖에 없다. 바로 이 학문이 위상수학이다.

프랑스 수학자 앙리 푸앵카레가 1904년 처음 제기한 이 이론은 약 100년 동안이나 풀리지 않던 문제였다. 푸앵카레 추측은 '수학의 7대 난제'의 하나로, 미국 클레이 수학연구소는 이 문제를 푸는 데 100만 달러의 상금을 걸었다. 위상수학의 한 명제였으나 페렐만은 수학의 천재답게 기존 수학자들이 전혀 생각하지 않는 방법으로 풀어냈다. 수학계의 주류가 위상기하학이지만 비주류가 되어버린 미분기하학과 물리학으로 문제를 푼 것이다.

페렐만은 2002년 11월 인터넷에다 '푸앵카레 추측'을 증명하는 자신의 짧은 논문을 올렸다. 그리고 세 번 자신의 논문을 설명하는 공개 강연을 가졌다. 그러나 그때 많은 사람들은 반응을 보이지 않았다. 삼 년이 지나서야 수학자들은 그의 증명이 맞는다는 것을 알게 되었고, 예일 대학과 콜롬비아 대학에서는 페렐만이 남긴 단서들을 통해 1천 페이지에 달하는 책 3권 분량의 해법을 내놓으면서 그가 수학계에 기념비적인 업적을 남겼다는 것을 인정했다. 그 후부터는 필즈상을 비롯해서 이런저런 상과 상금과 명문대학교의 자리와 언론이 들썩거리고 난무하기 시작했다. 페렐만은 모든 것들에 귀를 닫고 러시아로 돌아갔다.

수학계를 비롯한 학계는 경악을 금치 못했다. 100만 달러를 건 밀레니엄 난제가 해결되었을 뿐만 아니라, 오리무중에 가려져 있던 암흑에 빛을 던져 주었기 때문이었다. 게다가 2006년에는 노벨상보다 더 받기 어렵다는 필즈상 수상을 거부했으니. (그는 1996년에도 유럽수학회가 수여하는 '젊은 수학자상'도 사양한 적이 있다)

오해마시라. 그가 거만해서가 아니다. 부자라서도 아니다. 실제로 그는 가난하게 살고 있다. 페렐만의 위대성의 초점은 그가 상을 사양하고 거부한 데 있지 않다. 수학을 너무 사랑해서 그 어떤 것과도 바꿀 수 없던, 귀한 것을 순수하게 사랑하는 태도가 멋지다!

과학자뿐만 아니라 예술가에게도 귀감이 될 만하다. 이런 한 사람이 존재하는 이 지구는 그래도 멋지다는 생각마저 든다.

어찌 보면 노벨상이란 이상한 제도가 지성인을 비롯하여 만인으로 하여금 '상'을 최고의 척도로 여기게끔 만든 게 아닐까 하는 생각도 든다. 대부분의 우리는 상을 숭상하고 인정하고 있다. 언제부터인지는 모르겠지만 우리 시대엔 어느 분야이든지 '상'이라는 제도가 숲속에 버섯처럼 여기저기 많이 생겨났다. 정치, 경제, 학문, 문화, 음악, 미술, 문학, 영화, 대중예술까지, 상은 중요한 위치와 권위를 가지게 되었다. 그러나 이러한 제도나 문화의 습관들은 평가할 수 없는 예술에 있어서는 위험할 수 있다.

'상'에 대해 이렇게 말한다고 오해가 없었으면 좋겠다. 인간이 인간에게 주는 상은 좋은 것이다. 그러나 과학이 열어주는 미지의 궁전은 웬만해선 찾을 수 없는 보석 같은 비의들과 말로 표현될 수 없는 희열들로 가득 차 있다. 상과는 차원이 다르다. 누가 신을 만났다고 상을 줄 수 있을까. 부처가 깨달음을 얻었다고 상을 주었다면 얼마나 우스운 일인가. 예수가 인간 최고의 목적인 사랑을 선포했다는 공로로 그에게 노벨평화상이 주어졌다면 참으로 이상했을 것이다.

페렐만은 용감한 사람이다. 독약을 기꺼이 마신 소크라테스에 버금가는 진정한 용기를 지녔다. 누구는 세상물정을 모르는 기인이라고 폄하할 수도 있다. 하지만 일단 우리 시대가 지나가면 자연스레 그에 대한 평가와 관점이 정리될 것이라 믿는다.

과학도 예술도 개인의 욕망을 초월해 있는 것이다. 또한 유명해지기 위해서가 절대 아니다. 그런 의미에서 페렐만이 의도하지도 않았겠지만, 또 그런 것 따위엔 관심도 없었겠지만, 그가 보여준 행동은 과학자들과 예술가들에게, 또한 미래에게도, 귀감이 된다. 아름다운 인간이다!

　우리는 함께 40여 년간 살아오면서 너무도 달랐다. 당연히 모든 사람은 다른 법이지만 우리 경우는 분야 때문인지 타고난 기질 때문인지 매사에 상충되었고 서로의 관점은 영원한 평행선을 긋곤 했다.

　삶의 문제에 있어 그는 호기심이 강했고 나는 아름다움에 매료되었다. 대화를 나눌 때도 나는 과장법을 사용해야 흥이 났고, 그는 사실에 근거하지 않는 말엔 의심을 품었다. 나는 사실이란 없다고 생각했지만 그는 사실에 근거해 서술하는 것을 선호했다. 이른바 이성과 감정의 대립이었고, 소위 과학과 예술의 간격이었다.

　구조는 늘 그렇게 내용을 정의한다. 과장과 비유가 섞여야 만족감을 얻는 나는 그와의 소통에 갈등과 갈증을 느꼈다. 하지만 이번 책을 쓰는 과정에서 놀란 쪽은 나였다. 내 쪽에서의 반성이 엄청나다. 나는 과학이 건조하고 딱딱하다고 여기고 있었다. 과학의 세계가 상상을 기반으로 구축된다는 것에 깜짝 놀랐다. 예술이 상상력을 바탕으로 삼아 창조된다고만 알고 있고, 과학이 상상력의 기반이 없이는 출발이 불가능하다는 사실은 몰랐다. 게다가 수학자나 물리학자들이 진리를 향하는 추구심은 예술가들 못지않게 순수하고 근원적일지언정 적어도 그 이하는 아니었다.

날개 하나로 날아다니는 새나 나비를 본 적이 없다. 하나의 날개로는 나아가지 못하고 그 자리에서 맴맴 돌기만 할 것이다.

문자와 글이 문명을 주도했고 인간 삶을 바꾸었다지만 알고 보면 역사의 흐름에서 과학과 테크놀로지가 인류 전체의 틀을 바꾼 사건들은 너무나 획기적이라 혁명이란 말도 부족하다. 이 사실을 알게 되어서 기쁘다. 어떤 이가 과학과 예술이란 양쪽 날개를 달고 삶을 나아간다면 그의 비행은 든든하고 안정되고 균형이 있을 것이다.

남편은 허공에 손을 흔들어대거나 종이에다 연필 선을 그으며 열정적으로 강의해주었지만 나는 그가 해준 이야기를 80% 밖에 전달하지 못한 것 같다. 내 입장에선 제대로 알지 못하는 과학 이론을 이리저리 뜨개질하듯 짜깁기 해내느라 겁이 났고 땀도 꽤 흘렸다.

책을 엮으면서 우리가 전보다 더 소통이 되었다던가, 서로를 잘 이해하게 되었다는 말은 감히 할 수는 없겠다. 그러나 내 자신이 의외로 많이 변했다는 것만은 밝히고 싶다. 그도 그런 눈치이지만 확인할 수는 없고, 내 경우는 문학이든 과학이든 또는 어떤 학문이든, 그 지향의 방향은 동일하며 도달할 지점도 같다는 확신을 얻었다. 그러니까 다른 말로 말하자면, 누구나 진리를 향하기를 원하며, 그 진리로 인해 자유로움을 얻기를 갈망한다고 믿게 되었다. 그렇다, 누구나 길을 가고 있다는 긍정의 시선과 함께, 여정이 길거나 짧거나 방향이 다르거나 같거나 언젠가는 한 점에서 만나리라.

창밖을 보니 밤이 찾아오고 있었다. 현실의 밤이자 우리의 현재였다. 우리는 과학 이론을 접고 새삼스레 손을 잡고 바깥으로 나갔다. 밤바람이 뺨을 차갑게 스쳐 지나갔다. 칠흑 같은 밤하늘의 별들이 아름답고 신비로운 수를 놓고 있었다.

진실로 하나의 책은 무한한 책일 수 있다. 책이 만들어지는 과정에서 수많은 책들의 보이지 않는 뒷받침이 없이는 한권의 책은 탄생할 수 없는 일이다. 그러므로 이 책 역시도 무수한 책들의 영향을 받아 이루어진 것임을 밝힌다. 이 글을 쓰면서 빚진 책들의 목록은 다음과 같다. 그럼에도 부주의로 인해 누락된 부분이 꽤 있을 수 있는데, 그러한 책과 저자들에게 정중한 사과를 드린다. 그들이 어디에 있던지 간에.

1장: 일상

1. 「무한한 미역국」에서 '무한한 변형의 한 형태'란 어귀는 보르헤스에게서 빌려온 것이다.
2. 「먼지를 추적하다」는 플로리안 프라이슈테더의 책 『우주, 일상을 만나다』의 영향력이 전적이다.
3. 「커피, 검은 메피스토」는 자크모노 Jacques Monod 의 『우연과 필연 Le hasard et la necessite』에서 영감을 받았다.

2장: 우주

1. 「생사를 거듭하는 별들」의 글은 크리스토퍼 포터의 『당신과 지구와 우주: You are here』의 덕을 보았다.

2. 「중심을 잃어버리다」 글에서 우리은하와 안드로메다은하의 이야기, 즉 '거대한 은하들의 모임인 지역군은 버고은하군에 끌려가고, 그것은 또 버고초은하군에 끌려가, 결국은 우주에서 속력을 나타내는 숫자의 의미를 상실한다' 는 문단은 양형진의 『과학으로 세상보기』에서 빌려왔다. 이 책은 국내에서 쓰여진 과학 인문책으로는 가장 훌륭한 저서라고 여겨진다. 깊은 철학, 특히 불교사상과의 접목이 보인다. 설교적인 점이 마음에 들지는 않지만 이만한 저서도 드물다.

3장: 자연

1. 우리가 「지구달력」을 만드는데 있어, 로버트 M. 헤이즌 『지구 이야기: The Story of Earth』 책이 유용했다. 개인적으로 지구가 여러번 꽁꽁 얼어붙었다는 사실에 놀랐다. 그렇다면 현재 불덩어리인 금성이나 얼어붙어 있는 화성도 혹시 언젠가는 우리 지구처럼 될 수도 있지 않을까.

『과학의 열쇠: Science Matter』 로버트 로버트 M. 헤이즌, 제임스 트레필 공저

탁월한 저서다. 과학 전 영역을 관통하는 핵심 원리들을 다룬 최

적의 과학 입문서이다.

2. 『내가 사랑한 지구』 최덕근 박사

이 책은 권희민 박사가 서울대학교에서 「융합자연과학 Ⅰ」을 강의할 때, 지구쪽 분야를 함께 맡았던 최덕근 교수의 저서이다. 그는 한국판 '베게너' 같다. 지난 20여년 동안 한반도 땅덩어리를 연구하고 우리 땅의 역사를 탐험하시고 있는 시간여행자이시다.

3. 『구름 읽는 책』 Gavin Pretor-Pinney 지음

구름에 대한 저서는 의외로 드물다. 이 책의 저자는 2004년 영국에서 구사모(구름을 사랑하는 사람들)이라는 모임을 출범시킨 사람이다. 미국 공군조종사가 전투기를 조종하다 14.3km 상공에서 떨어지는 에피소드는 여기서 왔다.

4장: 인간

1. 「세계를 뒤집어놓은 사람들과 책」의 글은 이종호의 『과학의 순교자』에서 영감을 얻었다. 이 책 덕분에 전 생애를 과학에 바쳤던 과학자들의 삶에 대해 알게 되었다.

2. 「책」에 관한 에세이는 『천체의 회전에 관하여』 니콜라우스 코페르니쿠스, 서해문집에서 나온 책을 재미있게 읽었다. 만약 누군가가 원본을 소장하고 있다면 백만장자가 되지 않을까? 아직도 40여 권이 유럽 도서관의 어딘가에 남아 있다고 한다.

5장: 신비한 언어, 수

1. 「수 2, 3, 5」에 관한 글은 대부분은 아래의 책을 재정리한 것이다. 마이클 슈나이더의 저서 『자연, 예술, 과학의 수학적 원형』이다. 많은 부분을 이 책에서 빌려와 짜깁기를 했다. 그 이유는 전통 수학과는 다른 인문학적 관점을 제시하고자 한 의도 때문이다. 저자는 이름 있는 수학자나 과학자는 아니지만 아마도 먼 먼 과거에서 피타고라스의 학파이었지 않았을까, 생각된다. 한 번 쯤 꼭 읽어보기를 권한다.

2. 『거울 나라의 앨리스: Through the Looking Glass』 루이스 캐럴, 1897, 앨리스의 모험 이야기를 담은 이 책은 궁극적으로 수 2에 대한 심오함을 담고 있다. 읽고 성찰해보며 즐거움을 만끽할 만한 위대한 책이다.

인문과 과학이 손을 잡다

1쇄 발행일 | 2020년 11월 11일

지은이 | 주수자 · 권희민
펴낸이 | 윤영수
편 집 | 정의수, 곽수정, 이윤영
펴낸곳 | 문학나무
기획 마케팅 | 03085 서울 종로구 동숭4나길 28-1 예일하우스 301호
이메일 | mhnmoo@hanmail.net

출판등록 | 제312-2011-000064호 1991. 1. 5.
영업 마케팅부 | 전화 | 02-302-1250, 팩스 | 02-302-1251
ⓒ 주수자 · 권희민, 2020

값 14,000원
잘못된 책은 바꾸어 드립니다
지은이와 협의로 인지는 생략합니다
무단 전재 및 복제를 금합니다
ISBN 979-11-5629-109-1 03400